다윈의 개

Darwin's Dogs

다윈의 개

Darwin's
Dogs

진화론을 설명하는
세상에서 가장 쉬운 이야기

엠마 타운센드 지음 | 김은영 옮김

북로드

다윈의 개

초판 1쇄 인쇄 2011년 9월 21일
초판 1쇄 발행 2011년 9월 28일

지은이 엠마 타운센드 │ **옮긴이** 김은영 │ **펴낸이** 신경렬 │ **펴낸곳** 더난출판

상무 강용구 │ **기획편집부** 차재호 · 민기범 · 임영묵 · 성효영 · 박귀영 · 윤현주 │ **디자인** 서은영 · 최원영
마케팅 김대두 · 견진수 · 홍영기 · 서영호 │ **교육기획** 함승현 · 양인종 · 정수향
디지털콘텐츠 최정원 · 조경수 │ **관리** 김태희 · 양은지 │ **제작** 유수경 │ **물류** 김양천 · 박진철
책임편집 민기범

출판등록 1990년 6월 21일 제1-1074호 │ **주소** 121-840 서울시 마포구 서교동 395-137
전화 (02)325-2525 │ **팩스** (02)325-9007
이메일 book@ibookroad.com │ **홈페이지** http://www.ibookroad.com

ISBN 978-89-91239-60-9 03400

1860년대 초, 어느 여름날이다. 저명한 박물학자이자《종의 기원 (*On The Origin of Species*)》의 저자인 찰스 다윈의 가족이 사진을 찍기 위해 애완견과 자세를 취하고 있다. 가족들은 켄트 주 다운에 있는 집에서 잔디밭을 마주보고 있는 창가를 중심으로 자리를 잡았다.

이제 거의 다 자란 멋진 아이들의 엄마인 엠마 다윈은 보닛을 쓰고 창틀에 앉아 책을 읽고 있다. 사진 왼쪽 끝에 맵시 있는 모자를 쓰고 앉아 있는 키 큰 소년은 열세 살의 레너드다. 그 옆에는 아버지의 집필 작업을 도운 딸 헨리에타가 양산을 들고 서 있다. 창틀에 엄마와 함께 앉아 있는 사람은 호러스, 이때가 열두 살 무렵이다. 호러스는 나중에 과학기구를 만드는 세계적인 회사를 설립한다. 폭이 넓은 스커트를 입고, 약간 어색해 보일 정도로 작은 모자를 써 독특한 성격을 그대로 드러내고 있는 사람은 가족들이 베시라고 불렀던 엘리자베스다. 이 사진을 찍을 무렵의 나이는 열여섯 살 정도다. 그리고 창가 오른쪽에 서 있는 사람은 베시보다 한 살 아래인 프랜시스다. 아버지의 연구에 제일 많이 동참했으며 개를 사랑하는 다윈 가문의 전통을 가장 강하게 물려받았다.

다윈 가족, 1860년대 초

이 사진 속에는 한 사람이 더 등장한다. 신원을 알 수 없는 이 사람은 다윈 가족이 기르던 개보다도 못한 자리를 차지하고 있다. 더운 여름날 켄트까지 찾아온 이 이름 모를 손님의 정체는 영영 알 수 없을지 몰라도, 사진 속 개의 이름은 '밥'이 아닐까 추측된다. 흰 바탕에 검은 얼룩무늬를 가진 리트리버종의 이 개는 다윈이 말년의 저작 중 하나인《인간과 동물의 감정표현에 대하여(*The Expression of the Emotions in Man and Animals*)》(1872)에서 "핫하우스 페이스(hothouse face: 밥과 다윈의 일화에서 나온 용어로, 다윈이 산책을 나가지 않고 온실로 가버리면 밥이 무척 낙심한 표정을 지었다고 해서 그 얼굴을 보고 다윈이 지어낸 말이라고 한다.—옮긴이)"라고 묘사하면서 유명해졌다.

핫하우스 페이스란 개를 기르는 사람이라면 누구나 알고 있는 유명한 말이다. 이는 실망하고 상처받은 얼굴, 귀를 앞으로 쫑긋 세우고 간절히 애걸하는 듯한, 지푸라기라도 잡아보려는 듯한 표정을 말한다. 밥의 경우, 실망은 산책할 기회를 놓쳤을 때의 감정이다. 다윈이 잔디밭으로 향하는 문을 열어두면, 밥은 언제나 정원으로 아침 산책을 나가는 것이라고 믿고 좋아했다. 하지만 다윈이 산책을 나가지 않고 식물 실험을 위해 만든 작은 온실로 가버리면, 밥은 낙심천만한 얼굴로 풀이 죽어 문간에서 되돌아오곤 했다.

다윈은 핫하우스 페이스를 짓는 밥이 안쓰러워 혼자 두지 않으려고 했고, 늘 함께 산책을 했다. 하지만 다윈은 밥의 이러한 행동이 악의적으로 계산된 것이라고 보지는 않았다. "밥이 내가 자신의 표정을 이해한다는 걸 알고, 그것을 이용해 내 마음을 약하게 만들어서 온실에 가지 못하게 했다고 볼 수는 없다." 주인이 마음을 바꿔 자신이 바라던 대로 산책을 하러 가도록 하기 위해 순전히 본능에 따라 행동했을 뿐이라고 보았다. 주인과 개 사이의 이런 단순한 상호작용까지도 다윈은 분석하고 기록했으며, 자신의 눈앞에서 나름의 방법으로 권리를 주장하는 동물의 모습에 매료됐다.

밥의 경우처럼 기억에 남을 만한 상황은 자주 볼 수 없지만, 다윈은 책과 편지에 자신이 기르는 개에 대해 기록했다. 그리고 기록과 함께 사진 몇 장을 남길 수 있었는데, 마침 당시가 누구나 사진을 찍을 수 있을 만큼 사진기가 흔해진 시기였기 때문이다. 다윈은 딸 애니가 죽기 2년 전인 1851년, 런던 여행길에서 애니의 은판사진을 찍어두었던 것을 늘 다행으로 여겼다. 그로부터 10년 후, 휴대가 가능한 사진기가 개발돼 밥을 포함한 가족 전체의 사진을 촬영할 수 있었다.

빅토리아 시대의 전문 사진작가들도 나름 매우 빠른 속도로 기술을 발전시켰지만, 일반적인 흑백사진을 얻기 위해서는 사진에 찍히는 피사체가 수십 초 동안 꼼짝도 하지 않고 같은 자세를 취해야만 했다. 햇살이 따가운 야외라 해도 예외가 없었다. 다윈 가족의 발치에 앉은 밥은 마치 바닥에 묶여 있는 것처럼 머리를 아래로 늘

어뜨리고 있다. 어쩌면 정말 그렇게 묶여 있었는지도 모를 일이다. 만약 머리를 꿈틀거리고 움직였다면 유령처럼 허연 잔상이 남았을 텐데, 사진에는 그런 흔적이 없다. 밥은 완벽하게 멈춰 있었던 것으로 보인다. 하지만 이 사진을 촬영하기 위한 과정은 다소 복잡했을 것이다. 어쩌면 다윈의 아내 엠마와 딸 엘리자베스의 미소가 어색하게 보이는 것도 그 때문일지 모르겠다.

자신을 찍어보면 인간과 동물 사이의 커다란 차이를 확실하게 알 수 있다. 개는 사람들의 가정에서 가족의 일원으로 살아간다. 그러나 사람의 경우에는 아주 어린 아이라도 잠깐 동안 움직이지 않고 있어야 하는 이유를 납득시킬 수 있지만, 개에게는 명령을 해야 한다. 개는 사탕이나 장난감으로 유혹할 수도 없고, 논리적으로 설득할 수도 없다. 오직 직접적인 명령만이 개의 행동을 제어할 수 있다. 대화도 절대 불가능하다. 인간의 세계와 동물의 세계 사이에는 이처럼 엄청난 거리가 있다.

사진을 찍는 간단한 일에도 이렇게 소통상의 커다란 문제가 존재한다면, 인간과 개가 함께 산다는 것은 복잡하고도 불안한, 위험으로 가득한 일이라고 생각할 수 있다. 아무리 길들었다고 해도 개는 결국 생존을 위해 사냥을 하던 야생동물의 후손일 뿐이다. 인간이 동물과 함께 산다고? 분석적이고 지능을 가진 원숭이가 예측도 설명도 불가능한 개와 함께? 인간과 개는 언어를 이용한 의사소통도 불가능하고, 정신 또한 여러 가지로 매우 다르니만큼, 이 둘 사이의 관계는 아무리 좋은 쪽으로 생각하려고 해도 난해하지 않은가.

그러나 많은 사람에게 있어 인간과 개의 관계는 그들이 평생 동안 경험했던 것들 중에서 가장 평화롭고 행복한 관계였다. 그들의 관계에는 어떠한 조건도 없었음에도 불구하고 매우 조용하지만 행복한 보상이 뒤따른 경우도 많았다.

지구에 살고 있는 사람들 중 2억 명 이상이 동물과 함께 사는 삶을 택했다. 이들은 한집에서 동물들과 살고, 한 침대에서 자고, 음식을 나눠먹으며, 어린 자녀를 맡겨놓고 집을 비우기도 한다. 다윈도 그런 사람들 중 하나였다.

동물의 왕국을 연구한 다윈을 떠올리며, 우리는 그를 갈라파고스 피리새의 작은 몸뚱이를 관찰하거나 갈라파고스 토종 거북의 두꺼운 등딱지를 조사한 사람으로만 생각할 수도 있다. 영국에서 수천 마일 떨어진 아프리카나 파푸아뉴기니의 정글에 사는 고릴라와 원숭이 같은 동물들이 그의 연구 대상이었다고 사람들은 생각한다. 그러나 다윈이 가장 심오하게, 지속적으로 접근했던 동물은 그가 집에서 기르며 함께 살았던 집짐승들이었다. 어린 시절은 물론, 성인이 되어 다운하우스에서 가정을 이룬 후에도 다윈은 항상 개를 길렀다.

다윈이 처음 길렀던 개는 셸라와 스파크, 그리고 짜르였다. 이 세

마리의 개는 10대 시절 다윈으로부터 사랑을 가장 많이 받았다. 그 후, 케임브리지 대학에 진학해 사촌 윌리엄 D. 폭스와 사냥을 할 때에는 사포, 팬, 그리고 대쉬를 데리고 다녔다. 이들 다음에 함께했던 사냥개로는 핀처와 몸집이 작은 니나가 있었다. 다윈은 비글호를 타고 떠날 때 이 두 마리의 개를 집에 남겨두었는데 그는 5년 동안이나 집을 떠나 있었다.

다윈은 자녀를 얻은 후에도 개를 데려다 길렀다. 밥은 사진 속에 있는 얼룩개로, 성격이 온순했기 때문에 모든 가족에게 사랑을 받았다. 브랜은 디어하운드종으로 1870년에 다운하우스로 왔다. 다윈의 가족은 개를 데려다 기르는 데에도 능숙했다. 퀴즈, 타타르, 페퍼, 버터톤이 모두 그렇게 이 집의 애완견이 됐다. 다윈의 처제인 사라 웨지우드가 길렀던 토니도 마찬가지였다. 다윈은 1880년, 사라가 세상을 떠나자 토니를 데려왔다. 다윈이 마지막으로 키웠던 폴리는 그의 딸 헨리에타가 기르던 개였으나, 결혼해 다운하우스를 떠나자 다윈이 맡아 기르게 됐다. 다윈의 아들 프랜시스는 아버지가 가장 사랑했던 개는 폴리였다고 회상했다.

개는 다윈이 가장 가까이, 그리고 가장 오래 관찰했던 동물이다. 비글호를 타고 항해한 기간을 제외하면, 그는 평생 동안 개를 관찰했고, 거의 하루도 빠짐없이 곁에 두고 살았다. 다윈은 농촌인 슈루즈베리에서 자랐다. 가축 시장이 있었고 매년 정기적으로 농산물

축제가 열리는 곳이었다. 그는 개를 사랑했고, 함께 산책을 했으며, 사냥하는 모습을 지켜보고, 함께 전원을 돌아다녔다.

또한 셸라, 스파크, 짜르, 사포, 대쉬, 핀처, 니나, 밥, 타타르, 퀴즈, 브랜, 토니 그리고 폴리는 그가 생각해낸 이야기 속에서 가장 중요한 캐릭터가 됐다. 다윈은 개들이 무슨 생각을 할까 궁금해했고, 개들의 행동을 해석하려 했으며, 이 문제에 대해 다른 사람들에게 편지를 쓰기도 했다. 다윈에게 있어 개에 대한 관심은 심심파적으로 생긴 엉뚱한 상상이 아니었다. 개는 여러 가지 방법으로 다윈의 과학적 사고를 자극했다. 그리고 진화론에 심취하기 시작했을 무렵에는 피리새나 거북뿐만 아니라 비둘기나 가축, 가금류와 개같이 인간에게 길든 동물에 대해서도 쓰기 시작했다.

그래서 드디어 《종의 기원》이 출판됐을 때, 한동안은 고문과도 같았던 세월이었음에도 불구하고 다윈은 평화롭고 고요한 마음을 유지하면서 영국의 농촌마을에서 볼 수 있는 식물과 동물에 관한 책의 첫 장을 쓸 수 있었다. 오리는 뒤뚱뒤뚱 걸어 다니고, 젖소는 젖을 내고, 옥수수는 익어갔다. 첫 장에는 농사를 지으며 보내는 1년의 세월을 고스란히 담았다. 다윈은 까다로운 개 육종가가 개의 좋은 기질을 살리고 좋지 않은 기질을 제거하는 것과 똑같은 논리로 자신의 자연선택설을 설명하기 위해 식물 육종가와 가축 전문가의 경험을 활용했다. 이 괴상하고 새로운 이론을 익숙하고 편안하게 만듦으로써 다윈은 이야기 전체를 이해하기 쉬운 바탕 위에 세웠고, 빅토리아 시대의 평범한 독자들이 명확하게 이해할 수 있게 해주었다. 다윈의 개들은 진화론을 평범한 가정의 벽난로 앞에서 오순도순 나눌 수 있는 이야기로 만들었다.

하지만 사실 진화론은 정말로 어려운 이론이었다. 밥이 등장하는 사진이 촬영됐을 즈음, 다윈의 이론에 대한 논쟁은 절정에 달해 있었다. 학술적 논쟁이 인신공격으로 번지면서 비판론자들은 중상모략까지 서슴지 않았다. 가장 따가운 비난은 자연에서의 인간의 위치에 대한 의문을 향하고 있었다. 다윈의 진화론이 사실이라면, 인간도 그 틀 안에 포함되는 것이 당연하지 않겠는가? 그것은 곧 인간도 동물에 지나지 않는다는 것을 의미했다. 동물, 그 이상도 그 이하도 아니었다. 많은 사람이 그런 생각에 몸서리를 쳤다. '인간은 수많은 동물 위에 우뚝 선 특별한 존재'라는 믿음은 독실한 그리스도교 신자가 아니라도 누구나 가지고 있는 믿음이었다. 협력과 이타주의, 그리고 종교적 신념은 인간이 특별한 존재라는 증거였다. 그러한 특질은 매우 독특한 것이어서 창조주가 아니면 누구도 만들 수 없는 것이었다. 진화의 산물이라니, 그것은 말도 안 되는 소리였다. 비판론자들은 물었다. 다윈이 주장하는 생존을 위한 투쟁 속에 어떻게 이타적인 온정이 있을 수 있겠느냐고.

그럼에도 불구하고, 다윈 이론의 지지자들은 자신들의 주장을 강력하게 방어했다. 때로는 지극히 작은 부분을 두고 혈전을 벌이기도 했다. 종종 '다윈의 불도그'라고 불리던 토머스 헉슬리(Thomas Huxley)는 일류 해부학자인 리처드 오언(Richard Owen)이 고릴라 뇌 해부체조차 제대로 판별하지 못한다고 비난했다. 그렇지 않아도 격앙돼 있던 오언은 헉슬리가 파놓은 함정에 빠져버렸다. 오언은 인간의 뇌만이 독보적이라는 것을 증명하기 위해 유인원의 뇌 구조를 잘못 해석하는 실수를 저지르고 말았고, 그동안 쌓은 명성에 돌이킬 수 없는 흠집을 남겼다.

그러나 다윈 자신은 이러한 논란에 휘말리지 않고 초연했다. 《종의 기원》을 출판한 후, 10년 동안 다윈도 그 문제에 천착했다. 다윈은 인류도 진화했다고 믿었다. 하지만 무엇보다 그는 인간의 조상이 동물이라는 개념이 인간을 욕되게 하거나 인간의 존엄성을 추락시켰다고 느끼게 해서는 안 된다고 믿었다. 또한 기르던 개 한 마리 한 마리가 모두 자신의 사고에 기여한 바가 있었다. 다윈의 개들은 인간이 자신과 동물 사이에 놓여 있다고 믿는 커다란 차이가 사실은 인간이 생각하는 것만큼 그렇게 크지 않다는 그의 주장을 다지는 데 도움을 주었다.

인간도 화가 날 때면 개와 똑같은 행동을 보인다. 다윈의 말에 따르면, 사랑에 빠졌을 때도 인간은 개와 똑같은 행동을 보인다. 개도 꿈을 꿀 때면 몸을 뒤척이거나 시끄럽게 짖어댄다. 사람도 꿈을 꿀

땐 몸을 뒤척이거나 큰 소리로 잠꼬대를 한다.

다윈은 《인간과 동물의 감정 표현에 대하여》에서 마지막으로 길렀던 흰색 테리어종인 폴리의 이야기를 들려준다. 폴리는 다윈이 서재에서 집필이나 연구에 몰두해 있을 때 늘 그의 곁을 지키던 개였다. 다윈의 아들 프랜시스는 아버지와 폴리의 관계를 이렇게 기억했다.

"아버지는 언제나 폴리에게 자상하셨다. 폴리가 관심을 끌려고 할 때 단 한 번도 귀찮아하신 적이 없다. 방에 들어가고 싶어 하거나, 베란다 창문 밖으로 나가고 싶어 하거나, '나쁜 사람'이라고 생각하는 대상을 향해 짖어도 나무라지 않으셨다. 폴리는 스스로 '나쁜 사람'을 향해 짖는 것이 자신의 임무라고 여겼다."

다윈이 나이를 먹으면서 폴리의 자리는 작업실 벽난로 앞으로 고정됐다. 가족이 서재에서 찍은 사진을 보면 바구니 속에 들어앉은 폴리의 모습을 볼 수 있다. 폴리는 다윈이 세상을 등진 뒤 며칠 만에 주인의 뒤를 따라 세상을 떠났다. 프랜시스는 폴리를 정원에 묻어주었다. 다윈은 평생을 애견인으로 살았다.

이제 나는 여러분을 다윈의 삶의 또 다른 측면으로 초대해 개의 시선으로 그의 삶을 이야기하고자 한다. 피리새와 거북이의 이야기는 다른 사람들이 이미 다 해버렸으니, 이제 밥과 폴리의 이야기를 들어보자.

인용

p18 — Darwin's *Autobiography*
p58 — Darwin's notes, Box B, University Library CAmbridge
p96 — Notebook C, 1838
p132 — *The Descent of Man*, 1871, 'Mental Powers'
p172 — Chapter 5: Notebook B, 1837-8

이미지, 견해, 개에 대한 더 많은 자료는 www.darwinsdogs.com에서 확인할 수 있다.

차가운 비밀이 내리던 날, 눈꽃처럼 아름다운 소녀가 실종된다

백설공주에게 죽음을

미스터리의 본고장 유럽을 열광시킨 바로 그 소설!
당신은 인간 내면의 감출 수 없는
추악한 본성과 마주할 준비가 됐는가

여자친구 둘을 살해했다는 죄목으로 감옥에서 20대를 보낸 토비아스. 출소한 그를 기다리는 것은 쇠락한 집안과 마을 사람들의 냉대뿐. 소녀 아멜리는 그런 그에게 매력을 느끼고 홀로 그의 사건을 조사하기 시작한다. 한편 피아, 보덴슈타인 형사 콤비는 괴한의 공격으로 중태에 빠진 여인이 토비아스의 어머니임을 알고 11년 전 사건에 흥미를 느낀다. 살인 전과자와 형사들의 등장으로 마을에 알 수 없는 긴장감이 감도는 가운데 이번에는 아멜리가 실종되는데…….

넬레 노이하우스 지음 | 김진아 옮김 | 13,800원

출간 즉시 33만 부 판매!
32주간 독일 아마존 베스트셀러 No.1 기록!
미스터리의 본고장 유럽을 뒤흔드는 바로 그 소설! 이제 당신을 찾아온다

스토리 콜렉터 북로드 해외문학 시리즈 여름날 오후의 갑작스런 건조한 일상, 강렬한 기억을 남기는 소설 콜렉션

재기발랄 공대남의 열혈 캠퍼스 스토리
키켄
아리카와 히로 지음 | 윤성원 옮김 | 12,000원

일상이 무미건조한 당신,
지금 당장 '폭발'하는 청춘을 만나라

세이난전기공과대학 기계제어연구부, 약칭 '키켄'. 무슨 일에든 철저하게 '재미'를 추구하며 수많은 전설을 낳은 이곳은, 재기발랄 매력남들이 아슬아슬하게 범죄의 선을 넘지 않는 '실험'을 일상적으로 하는 위험 서클이었다!

교양과 지식이 오고가는 책의 실크로드

Blogger가 만드는 새로운 경제이야기 Economy2.0 메타블로그 www.economy2.kr
더난비즈의 재미(財美)있는 경제이야기 더난 공식블로그 blog.naver.com/thenanbiz
더난 공식트위터 @thenanbiz www.ibookroad.com

서울시 마포구 서교동 395-137 전화 02)325-2525 팩스 02)325-9007

교과서 과학 실험을 한 권으로 모은 **아하! 과학 상식**

모리시타 지음 | 이근아 옮김 | 곽효길 감수 | 216쪽 | 값 10,000원

아이들이 "왜?"라고 질문할 수 있도록
힘을 키워주는 똑똑한 과학 책

아이들이 일상에서 흔히 궁금해할 수 있는 47가지 물음을 주제
별로 모아, 각각의 질문들에 대해 아이들 스스로 곰곰이 생각해
보고 실험해본 후 원리를 터득할 수 있게 도와주는 똑똑한 과학
책이다.

★ 2002 노벨물리학상 고시바 마사토시 교수 추천 도서
★ '올해의 메일매거진' 라이프스타일 부문상 수상
★ '마구마구 메일매거진'의 교육 · 연구 부문 3위 수상

수학공부가 즐거워지는 20가지 이야기 **수의 모험**

안나 체라솔리 지음 | 구현숙 옮김 | 주소연 감수 | 240쪽 | 값 10,000원

수학 마인드를 길러주는 흥미진진 동화
중학교 입학 전에 꼭 읽어야 할 책!

이 책은 세계적 명성의 토리노 공과대학이 추천하는 수학동화로,
수학교사 출신인 할아버지가 손자를 수학천재로 키우기 위해 생
각해낸 다양한 놀이를 통해 중학교 수준의 주요 개념들을 알기
쉽게 설명한다.

★ '책따세(책으로 따뜻한 세상 만드는 교사들)' 추천 도서
★ 어린이문화진흥회 선정 '2006 좋은책'

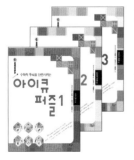

수학적 두뇌로 단련시키는 **아이큐 퍼즐 1, 2, 3**

영국 멘사 회원들 지음 | 김량국 옮김 | 각권 200쪽 내외 | 각권 값 9,000원

아이들에게는 창의력 계발과 수학에 대한 흥미를!
어른들에게는 아이디어 발상과 스트레스 해소를!

오랫동안 방치해두었던 자신의 뇌를 '천천히' 깨운다. 멘사 퍼즐
책을 전문으로 출간하고 있는 영국의 CARLTON 출판사에서 대
표적인 퍼즐 유형들을 선별해 한데 묶은 멘사 퍼즐의 결정판! 올
컬러에 수준과 종류별로 다양한 문제들이 수록되어 있어 창의력,
사고력, 수리분석력을 높이는 데 많은 도움이 된다.

★ 각권마다 부록으로 〈수학이 즐거워지는 포스터〉가 들어 있습니다.

세상을 뒤집어본 괴짜들의 발칙한 통찰력 **위트 명언 사전**
요하네스 틸레·마르코 페히너 지음 | 이미옥 옮김 | 544쪽 | 값 18,000원

한 시대를 풍미한 천재들의
촌철살인의 지혜를 한 권에 담다!

톨스토이, 마크 트웨인, 프로이트 등 시대를 풍미한 유명 인사들의 명언을 담은 이 책에는 재기발랄한 풍자와 신랄한 냉소, 번뜩이는 위트와 감동이 넘친다. 정치, 문학, 예술을 아우르는 2,500여 명의 유명 인사의 5,000여 개의 명언을 소개하고 있으며, 위트와 감동이 절묘하게 조화를 이루고 있어서 언어를 재치 있고 확실하게 다루기 위한 기초가 될 것이다.

음식에 녹아 있는 뜻밖의 문화사 **음식 잡학 사전**
윤덕노 지음 | 344쪽 | 값 10,000원

달콤한 애피타이저부터 깔끔한 디저트까지
역사와 문화가 버무려진 음식에 얽힌 에피소드!

기름기는 쏙 빼고 영양가를 높여 역사, 인물, 유래, 재미있는 자투리 상식까지 음식의 모든 것을 풀어냈다. 그 흔한 레시피도, 탐스러운 음식 컬러사진도 없다. 대신 맥주에 관한 대목이 나오면 맥주를 한잔 마셔야 할 것 같고, 자장면 이야기에는 사무치게 자장면이 먹고 싶을 정도로 맛있는 음식 이야기가 가득한 책이다.

▶ 화려한 사진 없이도 맛깔스러운 음식책을 만들 수 있음을 보여주는 독특한 책! _중앙일보

유래를 알면 헷갈리지 않는 **우리말 뉘앙스 사전**
박영수 지음 | 416쪽 | 값 15,000원

당신의 우리말 실력은 몇 점입니까?
교양인의 글쓰기와 말솜씨, 뉘앙스가 답이다!

이 책은 뜻은 비슷하지만 쓰임이 다른 우리말의 뉘앙스를 정리한 작은 백과사전이다. 뜻도 제대로 알지 못한 채 쓰고 있는 말들, 쓸 때마다 헷갈리는 단어들은 그 유래를 거슬러 올라가면 미묘한 말뜻이 숨겨져 있다. 신화나 전설, 특별한 사건 등 재미있는 에피소드를 통해 각 단어가 어떻게 만들어졌으며, 쓰임은 어떻게 다른지를 파악해 교양 있는 글쓰기와 말솜씨를 다듬어보자.

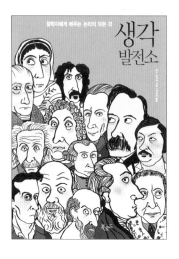

철학자에게 배우는 논리의 모든 것
생각발전소
엔스 죈트겐 지음 | 도복선 옮김 | 유헌식 감수
312쪽 | 값 13,000원

**일선 교사들이 적극 추천하는 지적 영양제!
논술·토론·교양을 위한
20가지 논리기술 총망라!**

글쓰기와 논리적 대화의 중요성이 그 어느 때보다 부각되고 있는 요즘, 철학은 더 이상 지루한 불청객이 아니다. 토론과 설득에 필요한 논증의 기초지식 20가지를 철학사의 흥미로운 에피소드와 함께 소개하는 이 책은, 대입 논술시험을 준비하는 고등학생, 토론 중심의 강의를 들어야 하는 대학생, 철학에 관심 있는 일반인 모두에게 믿음직한 트레이너가 되어줄 것이다.

★ 부산시 교육청 추천 도서
★ 대한출판문화협회 선정 '올해의 청소년 도서'
★ 독일청소년문학상 논픽션 부문 작품상 노미네이트

죽음에 관한 백과사전
파이널 엑시트
마이클 라고 지음 | 이경식 옮김 | 816쪽 | 값 30,000원

**당신이 피하고 싶은 세상의 모든 죽음,
이 책 안에 다 있다!**

무대 공포증과 딸꾹질부터 스페인 독감과 에볼라 바이러스까지, 인류 역사상 특이한 최후를 맞이한 사람들이 죽음에 이른 길을 낱낱이 해부한다. 고대 로마부터 현대에 이르기까지 인류 역사상 충격적인 죽음의 사례들을 철저한 조사와 고증을 거쳐 집대성한 이 책은 400개가 넘는 의학 관련 자료와 역사 도해물로 독자들의 이해를 돕고 있다. 물감을 대신해 글과 숫자로 그린 인간 운명의 초상화라 할 만하다.

100년 남짓한 현대 물리학의 모든 것
물리와 함께하는 50일
조앤 베이커 지음 | 김명남 옮김 | 336쪽 | 값 15,000원

인간과 우주에 관한 물리 에세이

고전 역학에서 현대 우주론까지 현대 물리학의 주요 개념 50가지를 설명하였다. 중력, 빛, 에너지 같은 기초 개념을 포함하여 양자이론, 카오스, 암흑 에너지 같은 최신 개념들도 담았다. 근대과학 성립의 최고 공로자인 뉴턴에서부터 그의 맞은편에 서 있던 훅, 그리고 마흐, 케플러를 비롯해 페르마, 도플러, 슈뢰딩거, 아인슈타인, 파인만에 이르는 위대한 과학자들의 전기와 명언 등도 빼놓을 수 없다.

삼성 경제연구소 (SERI) 추천 도서

'지금 여기' 일상의 언어로 풀어 쓴 50가지 철학의 핵심 주제
철학과 함께하는 50일
벤 뒤프레 지음 | 이정우 · 임상훈 옮김 | 320쪽
값 15,000원

《나니아 연대기》에서 '동굴의 우화'를 읽는다!

'나'와 '이 세계'는 컴퓨터가 만든 '아바타'와 '가상현실'이 아닐까? 50년 전에 저지른 살인에 대해 세포가 완전히 바뀐 80세 노인에게 죄를 물을 수 있을까? 해로운 모기라고 화학약품으로 죽여도 되는가? 철학의 핵심 이론 50가지를 '지금 여기' 우리의 일상언어로 설명함으로써 개인과 사회를 둘러싼 문제들을 철학자의 눈으로 보게 해준다.

사랑의 시작에서 이별까지 연애 심리 보고서
심리학이 연애를 말하다
이철우 지음 | 252쪽 | 값 11,000원

우리는 왜 사랑하고 실연하고
또 다른 사랑에 빠지는가

사랑에 빠지는 것은 쉬워도 사랑에 머무르기는
쉽지 않다. 심리학은 연애에 실패하는 원인을
서로의 심리에 대한 이해의 부족과 무지, 그리
고 기술의 미숙성 때문이라고 말한다. 이 책은
이성에게 호감을 느끼게 되는 배경, 연애가 시
작되고 전개되는 과정, 그리고 그 연애가 결국
이별이라는 파국으로 치닫는 과정까지, 그 각각
의 과정들에 영향을 미치는 심리적인 요인들을
알려준다.

★ 2008 하반기 인문 분야 화제의 도서
★ 《화성에서 온 남자, 금성에서 온 여자》의 심리학 버전

당신은 모르고 그들만 아는 심리학의 숨은 이야기
심리학, 즐거운 발견
애드리언 펀햄 지음 | 오혜경 옮김 | 428쪽 | 값 15,000원

논술 · 토론 · 교양을 위한
20가지 논리기술 총망라!

사실은 잘 모르고 있는 심리학. 심리학은 언제
탄생했을까? 심리학은 정말 유용할까? 우리 시
대 최고의 심리학자들이 숨은 심리학 이야기를
찾아나섰다. 최초의 심리학 논의로부터 가장 최
신의 심리학 연구까지 전 세계 주요 심리학자들
의 논의를 꽉꽉 눌러 담은 이 책은 심리학의 탄
생과 정체가 궁금한 모든 사람들에게 완벽한 길
잡이가 될 것이다.

차례

정말 부끄럽게도,
언젠가 아버지가 내게 이런 말씀을 하셨다.
"오로지 사냥과 개,
그리고 쥐잡기에만 몰두한다면,
언젠가 너 자신은 물론이고
우리 가문에까지
먹칠을 하고야 말 게다."

01

시작

찰스 다윈은 개와 함께 자랐다. 우리가 지금 이런 말을 할 수 있는 것은, 통신의 속도가 더디던 그 시절에 다윈 가문 사람들이 편지를 주고받았기 때문이다. 그 편지들에는 아들이 놓친 파티 소식을 전하는 이야기도 들어 있고, 하숙집으로 필요한 물건을 보내달라는 아들의 부탁도 담겨 있다. 남동생의 편지에 누이들은 여러 가지 소식과 집안에서 일어난 우스운 이야기들을 적어 답장을 보냈다. 이 편지들의 내용으로 미루어 우리는 다윈의 다채로운 일상을 시시콜콜 알 수 있는 것이다.

다윈이 기르던 개들과 가족 사이에 매우 친밀한 관계가 형성돼 있었다는 것도 이 편지들을 통해 알 수 있다. 다윈 가족이 초기에 기르던 개들의 사진은 남아 있지 않다. 그때는 사진기가 등장하기 전이었고, 그림으로 그린 적도 없기 때문이다. 그러나 그 개들의 생김새나 성격에 대해서는 어느 정도 짐작할 수 있다. 셸라는 온 가족에게 사랑받는 개였다. 다윈의 딸들도 강아지를 한 마리씩 길렀다. 스파크는 쥐를 잡는 솜씨가 뛰어난, 흰 바탕에 검은 얼룩무늬가 있는 잡종견으로 성질이 불같았다. 짜르는 매우 공격적이었는데, 결국은 고약한 행동 때문에 집에서 쫓겨났다.

찰스 또한 편지 내용이나 가족끼리만 통하는 우스갯소리의 중심에 항상 개를 포함시켰다. 집안사람들은 개를 부를 때도 '군' 또는 '양' 같은 호칭을 붙였다. 1826년, 캐롤라인은 다윈에게 보내는 편지에 이렇게 썼다.

"셸라 양은 참 어여쁘게도 네가 집에 있을 때보다 훨씬 더 많이 신경을 쓰게 하고 있어. 마을로 매일 산책을 나가는 것 외에는 더 이상 운동도 하지 않고, 시든 사과라도 발견하면 나더러 강둑 너머로 던져달라고 졸라대지. 가서 집어 오겠다고 말이야."

개들을 마치 어린아이처럼 이야기하는 경우도 많았다. 다윈의 누이들은 그에게 편지를 쓸 때 스파크를 '너의 아이'라고 표현하기도 했고, 심지어는 '네가 제일 아끼는 아이'라고 쓰기도 했다. 다윈 집안사람들의 이야기는 그들이 기르던 개의 이야기와 오밀조밀 섞여

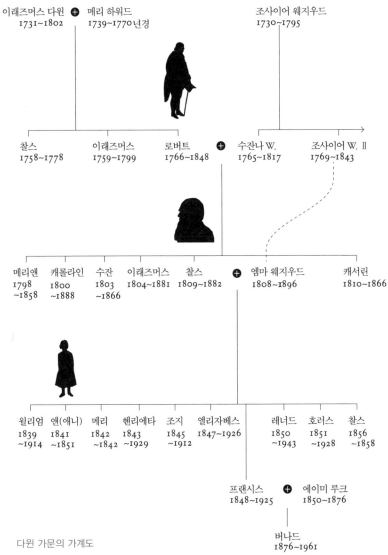

이래즈머스 다윈 ➕ 메리 하워드
1731~1802　　　1739~1770년경

조사이어 웨지우드
1730~1795

찰스　　　　이래즈머스　　　로버트 ➕ 수잔나 W.　　조사이어 W. Ⅱ
1758~1778　　1759~1799　　1766~1848　　1765~1817　　1769~1843

메리앤　　캐롤라인　　수잔　　이래즈머스　　찰스 ➕ 엠마 웨지우드　　캐서린
1798　　　1800　　　1803　　1804~1881　　1809~1882　　1808~1896　　1810~1866
~1858　　~1888　　~1866

윌리엄　앤(애니)　메리　헨리에타　조지　엘리자베스　　레너드　호러스　찰스
1839　　1841　　1842　　1843　　1845　　1847~1926　　1850　　1851　　1856
~1914　　~1851　　~1842　　~1929　　~1912　　　　　　　~1943　　~1928　　~1858

프랜시스 ➕ 에이미 루크
1848~1925　　1850~1876

버나드
1876~1961

다윈 가문의 가계도

보기 좋게 버무려졌다.

다윈은 1809년 2월 12일에 슈루즈베리에서 태어났다. 어머니 수잔나는 마흔네 살이었고, 이미 찰스 위로 여러 명의 아이를 두고 있었다. 아이들은 로버트 다윈 박사의 엄한 훈육을 받고 자랐다. 찰스위로 누이 셋과 형 하나가 있었는데, 메리앤, 캐롤라인, 수잔이 먼저태어났고 그다음이 형 이래즈머스였다. 마치 세쌍둥이처럼 성격이닮은 세 자매 밑으로 두 형제가 태어났다. 찰스 아래로 여동생이 있었는데, 다윈 박사와 부인은 모두가 사랑했던 막내딸에게 캐서린이라는 이름을 지어주었다.

쉽게 예상할 수 있는 일이지만, 두 형제는 매우 우애가 좋았다. 둘 다 산으로 들로 뛰어다니며 탐험하는 걸 좋아했다. 학교에서도마찬가지였다. 다윈은 형보다 다섯 살 어렸기 때문에 형을 따라잡기 위해 무진 애를 써야 했다. 두 형제는 모든 교육을 함께 받았다. 이래즈머스는 열심히 공부해 앞서 나갔고, 자신이 배운 것을 동생에게 가르쳐주는 걸 즐겼다. 찰스는 매사에 자신보다 앞서 있는 다재다능한 형에게 뭔가를 보여주기 위해 늘 조급하게 달려들었다.

찰스와 이래즈머스는 집에서 어머니와 누이들에게 기초교육을받았다. 이후에는 유니테리언 교회의 목사가 운영하는 학교에 입학해 통학하며 학업을 이었다. 유니테리언 교회는 어머니 수잔나가 신봉하는 종파였다. 1817년 어머니를 여읜 후, 두 형제는 집에

슈루즈베리 학교, 1811년

서 약 1.6킬로미터 떨어진 슈루즈베리 시내의 기숙학교로 옮겼다. 당시 다윈의 나이는 고작 아홉 살, 이래즈머스는 열네 살이었다. 그러나 가족들은 이래즈머스가 어린 동생을 잘 돌봐줄 것이라고 믿었고, 이래즈머스는 그러한 믿음을 저버리지 않았다.

이들이 어린 시절에 주고받았던 편지는 거의 남아 있지 않다. 그러나 1822년, 의학을 전공하기 위해 케임브리지로 떠난 열여덟 살의 이래즈머스가 집으로 보낸 편지에는 덤벙대는 앳된 소년의 모습이 담겨 있다. 깜빡 잊고 집에 두고 온 책을 부쳐달라거나, 돈이 필요하다거나, 여러 가지 실험도구, 이를테면 백금 와이어부터 10파운드짜리 지폐까지 다양한 물건을 보내달라고 부탁했다. 당시 다윈은 형을 따라가고 싶어 했던 것으로 보인다. 그는 이래즈머스가 케임브리지에서 강의를 듣기 위해 참고해야 할 책들을 따라 읽었고, 1823년 여름방학 때는 형과 함께 케임브리지에 머물 수 있도록 허락해달라고 부모를 졸랐다. 이때 주고받은 편지는 횟수도 많고 대단히 현실적인 내용이었다. 감정은 거의 실려 있지 않았다. 간혹 편지에 표현된 감정은 대부분 찰스를 향한 것이 아니라 집에 두고 온 개에 관한 것이었다. 이래즈머스가 1825년에 케임브리지에서 집으로 보낸 편지는 "스파크에게 인사 전해줘"라는 말로 끝을 맺고 있다.

형제는 빠른 속도로 성장했다. 1825년, 이래즈머스는 에든버러

대학에서 수련의 과정에 들어갈 준비를 마쳤고, 다윈 박사는 두 아들을 더 이상 떼놓아서는 안 되겠다는 결론을 내렸다. 자신도 의학을 전공했던 다윈 박사는, 두 아들이 모두 에든버러 대학에서 자신이 밟았던 길을 그대로 따르기를 바랐다. 에든버러는 의학을 전공하기에는 굉장히 좋은 환경을 지닌 곳이었고, 다윈 박사는 두 아들에 대한 기대가 매우 컸다. 이래즈머스는 이미 케임브리지에서 필요한 자격을 얻었기 때문에 수련의 과정을 밟을 수 있었고, 찰스도 에든버러에서 해부학, 화학, 산과학 등 의학을 전공할 수 있었다. 당시 찰스의 나이는 겨우 열여섯이었다. 그러나 다윈 박사는 이래즈머스가 좋은 본보기가 될 것이라고 믿었다. 그래서 찰스는 아직 어린 나이였음에도 불구하고 형과 함께 에든버러로 떠날 수 있었다. 언제나 그랬듯이, 찰스는 이래즈머스가 훌륭한 선례를 남기며 앞서 나간 길을 뒤따랐다.

이렇게 해서 편지의 왕래는 계속 이어졌다. 두 형제는 대개 짧은 메모 형식의 편지를 주고받았다. 아버지와 누이들에게 예배에 빠지지 않았다는 사실은 상세하게 전한 반면, 수업을 빼먹었다는 이야기는 하지 않았다. 슈루즈베리에서는 긴 답장이 돌아왔다. 누이들은 남동생들에게 틀린 철자를 지적하거나 당시 가장 인기 있는 배우였던 윌리엄 찰스 맥레디를 만나러 극장에 갔었다는 등 평범한 일상을 들려주었다. 또 가족들 사이의 미묘한 갈등이나 긴장 같은 것들도 전했다. 한번은 캐롤라인이 수잔이 겪은 우스운 이야기를 적어 보내자, 수잔은 "캐롤라인이 편지에 적어 보낸 이야기는 전혀 근거가 없는 것임을 밝히겠어"라고 적어 보냈다. 이렇듯 그들이 주고받은 편지에서는 미소를 짓게 만드는 이야기를 자주 발견할 수 있었다. 모두가 다윈 집안사람들의 톡톡 튀는 유머 감각을 보여주는 것이었다.

다정다감한 내용의 편지도 있었다. 캐롤라인은 찰스가 에든버러로 떠난 지 2~3주 만에 편지를 보냈다.

"네가 정말 보고 싶다. 가여운 셸라와 스파크도 마찬가지야. 걔들은 요즘 어찌나 우울해하는지, 누구든 조금만 아는 체를 해줘도 너무나 좋아한단다."

다윈 집안사람들은 개에 빗대 자신의 감정 상태를 말하곤 했다. 개가 누구를 보고 싶어 한다는 것은 누군가의 부재에 대한 슬픔을 표현하는 그들 나름의 방식이었다. 개가 그들끼리만 통하는 소통의 방법을 마련해준 셈이다. 찰스는 처음으로 바깥세상에 발을 내디딘 엄마 없는 10대 소년이었고, 누이들은 개의 소식을 전함으로써 동생이 정말로 마음 쓰고 있는 것들에 대해 이야기할 수 있었다.

다윈 집안에서 기르는 개들은 가족이나 마찬가지였지만, 가족 모두가 개를 좋아했던 것은 아니다. 다윈은 훗날 어린 시절을 회상하면서, 슈루즈베리 시내에서 굉장히 무서운 개와 마주쳤던 기억을 이야기한 적이 있다. 30년이 지난 후에도 그 장소가 '바커 스트리트'였다고 정확하게 기억할 정도였다. 다윈은, "돌이켜보면 나는 소심한 아이였다"라고 말했다. 또 동물에게 못되게 굴었던 부끄러운 행동도 생생하게 기억했다.

유니테리언의 학교에 다니던 때였거나 그보다 이른 시기인 아주 어린 시절, 잔인하게도 나는 강아지를 때린 적이 있다. 단순히 내게 그럴 힘이 있다는 것이 신이 나서였다. 하지만 그다지 세게 때리지는 않았던 것 같다. 강아지가 깽깽거리지도 않았고, 내가 그런 짓을 했던 장소가 집에서 매우 가까운 곳이었기 때문이다. 지금도 그 범죄를 자행했던 장소가 정확하게 기억나는 것을 보면, 그 일이 내 양심을 무겁게 짓눌렀던 것이 틀림없다. 그때에는 개를 좋아했던 마음 때문에, 그리고 더 나중에는 개에 대한 열렬한 사랑 때문에 그 행동은 점점 더 내 마음을 무겁게 짓눌렀다.

찰스의 누이들은 때때로 개에 대한 남동생의 '열렬한 사랑'을 조롱했다. 찰스가 에든버러 생활을 막 시작했을 무렵, 캐롤라인이 편지를 썼다.

"오버톤에서 들려오는 얘기로는 스파크가 아주 잘 지내고 있단다." 그리고 단호한 어조로 덧붙였다. "물론 네가 훨씬 더 사랑하는 어린 조카도 마찬가지야."

다윈도 똑같은 어조로 응수했다.

"내 귀여운 까만코의 소식들을 많이 전해주기 바라. 형은 내가 우리 식구 전체를 모아놓은 것보다 그 녀석을 보는 걸 더 좋아하는 게 틀림없다고 생각하지. 아마 누나는 내가 귀여운 조카를 그렇게 여겨야 한다고 생각하는 것 같아."

개에 대한 다윈의 이러한 감정은 매우 흥미롭다. 다윈의 부모는 부유한 가문 출신이었다. 다윈 박사는 지주 가문 출신이었고, 어머니 수잔나는 유명한 도자기 공장을 운영하는 웨지우드 가문 출신이었다. 양쪽 집안 모두 동물을 소유했고, 그 동물들을 자랑스러워했다. 특히 웨지우드 가문이 동물에 더 애착을 가졌다. 그래서 수잔나와 그녀의 형제자매를 그린 그림에는 동물들이 자주 등장한다. 웨지우드 집안사람들의 그림은 조지 스터브스 같은 유명 화가가 주로 그렸다. 하지만 조사이어 웨지우드는 스터브스가 그린 자기 아이들의 초상화에 별로 만족하지 못했다. 그는 스터브스가 오히려 아이들보다 말[馬]을 더 그럴듯하게 그린다고 생각했다.

다윈의 집은 도시에서도 꽤 큰 규모를 자랑하는 조지아풍 저택이었다. 하지만 다윈 박사는 주로 농지를 저당으로 돈을 빌려주는 등 금융거래를 통해 수입을 올렸다. 따라서 다윈 집안에서 기르는 개는 찰스가 어린 시절에 알았던 것 같은 단순히 '길든 개'가 아니

〈웨지우드 가족〉, 조지 스터브스, 1848년

었다. 찰스는 너덧 살 무렵 농장 마당에서 탈출한 동물 때문에 소스라치게 놀랐던 기억이 있다.

"나는 오렌지를 자르고 있는 캐롤라인 누나의 무릎에 앉아 있었다. 그때 갑자기 창밖으로 젖소가 달려가는 것을 보았고, 나는 놀라서 펄쩍 뛰어올랐다."

다윈 집안의 경제적 여유는 찰스의 친가와 외가 양쪽으로부터 물려받은 재산 덕분이었다. 수잔나는 웨지우드 가문으로부터 상당한 유산을 상속받은 채 결혼했다. 다윈 박사 역시 직업이 의사였으므로 매년 수천 파운드의 수입이 있었다. 그러나 다윈 박사는 그것에 만족하지 않고 매일 금융거래를 감독하는 데 일정 시간을 보냈다. 토지를 여러 번, 때로는 겹치기로 저당을 잡히기도 했는데, 이는 빅토리아 시대의 소설 속 주인공들처럼 빚 때문이 아니라 더 나은 이자율을 찾아 투자를 하기 위해서였다. 돈이 필요한 지방 기업인들에게 자금을 빌려주고 수익을 기대했으며, 새로운 산업시대의 상징이라 할 만한 사업, 운하, 유료도로, 다리 등에 투자했다. 또 귀족이나 학교, 감옥, 상수도 사업 등에도 관심을 기울였다. 다윈 박사는 수익이 생길 만한 곳이라면 어디든 자신의 돈을 기꺼이 투자했다.

젖소, 돼지, 말 그리고 닭은 다윈의 머릿속 풍경 안에서 거침없이 돌아다녔다. 슈루즈베리의 풍경 속에서 그랬던 것처럼 말이다. 그러나 동물에 대한 다윈의 극단적 애정이 어디서부터 비롯됐는지는 흥미로운 의문거리다. 19세기 초, 동물에 대한 일반적인 관념은 상당히 낭만적이었다. 동물에 대한 다윈의 애정은 어려서 어머니를 여읜 사실과도 관련이 있어 보인다. 훗날 찰스는, 자신은 어머니의 죽음에 대해 기억하는 것이 아무것도 없지만, 한 살 어린 여동생 캐서린은 모든 것을 아주 세세히 기억하는 것 같다고 말했다. 자신을 아낌없이 사랑해주는 네 명의 누이에 존경하는 형까지 있었으니 찰스에게 사랑이 부족하지는 않았다. 그래도 어머니의 빈자리는 컸다. 늘 정답고 흥겹지만 어머니가 없는 집에서 그는 개와 돈독한 유대 관계를 형성했다.

다윈이 얼마나 개를 좋아했는지를 보여주는 그의 10대 시절 일화가 있다. 그때까지는 개를 향한 다윈의 '열렬한 사랑'이 대부분 악의 없는 놀림의 대상이었다. 그러나 그가 열일곱 살 때, 이 문제가 아주 심각한 상태로 발전하게 됐다. 1826년, 오버톤에서 살던 누이 메리앤이 다윈에게 편지를 보냈다.

이런 말로 편지를 시작하다니 아주 이상하게 들릴지도 모르겠지만, 내 평생 이처럼 쓰기 싫은 편지가 없구나. 하지만 사정이 그러하니 어쩌겠니.

메리앤은 갓 결혼한 상태였는데, 다윈이 '내 작고 귀여운 까만코'

폭스테리어

라고 부르며 사랑하던 개, 스파크를 그가 대학에 다니는 동안 맡아 기르고 있었다. 그런데 그만 스파크가 죽어버린 것이다. 메리앤은 미안함과 낭패감으로 어쩔 줄 몰라 하며 걱정이 가득 담긴 편지를 썼다.

기를 만한 다른 개를 찾을 때까지 스파크를 데려다 돌보겠다고 우리가 먼저 나서서 청했던 건 너도 알고 있겠지. 하지만 스파크를 데려온 다음 날, 그 녀석이 도망을 가버려서 우리가 백방으로 수소문하며 찾으러 다녔던 사실은 아마 모를 거야. 내내 아무 소식도 듣지 못하다가 보름 만에야 같은 동네에 사는 한 신사의 집에서 스파크를 찾았지. 그 집에서 기르는 여러 애완동물 속에 섞여 있더구나. 다시 스파크를 데려오긴 했는데, 그때 스파크가 새끼를 가졌다는 걸 나중에야 알게 됐어. 우리로서는 정말 곤란했지. 스파크가 새끼를 갖는 걸 네가 원치 않는다는 사실을 알고 있었으니까. 지난 월요일에 이 가여운 녀석이 병에 걸리더니, 강아지 한 마리를 낳고는 숨을 거뒀어. 이 일로 우리가 얼마나 미안해하고 있는지 너는 상상도 못할 거야. 우리 가족 모두 스파크를 사랑했어. 스파크는 너무나 예쁜 개였거든. 사랑하는 동생 찰스, 제발 곧 답장을 주기 바라. 불쌍한 스파크의 죽음도 가슴 아프지만, 나는 너 때문에 더 가슴이 아파. 이 일 때문에 요즘 나는 너무

심란하단다. 셸라도 곧 새끼를 낳겠지만, 불쌍한 작은 까만코를 대신할 수는 없을 거야.

메리앤의 마음이 진심이라는 것은 의심의 여지가 없다. 다윈에게 스파크의 죽음을 알리는 것만큼 마음이 불편한 일은 없었을 것이다. 같은 10대의 남동생 찰스가 처음으로 제대로 된 유학생활을 시작했는데, 가장 좋아했던 '예쁜 작은 까만코'의 죽음을 감당하게 됐으니 말이다.

찰스가 메리앤에게 보낸 답장은 남아 있지 않지만, 아마도 솔직한 감정을 적어 보냈던 것 같다. 메리앤은 시간이 흐른 뒤, 당시 찰스의 답장이 얼마나 '지독했는지' 털어놓았다. 또 다른 누이인 캐롤라인도 슈루즈베리에서 찰스에게 뭐라 말해야 좋을지 알 수 없는 난감한 심정을 편지로 적어 보냈다.

"스파크의 죽음이 얼마나 큰 슬픔인지 알아. 너에게는 그냥 작은 개 한 마리가 죽은 게 아니니까. 네가 내 마음을 이해할지 모르겠지만, 나도 내 마음을 어떻게 표현해야 할지 모르겠다."

캐롤라인은 자신의 마음을 표현하는 데 서툰 사람이 아니었다. 그녀가 말하는 마음은 깊고 진중했다. 메리앤은 슬픈 마음을 전하며 편지를 맺었다.

"우리는 강아지를 기르는 데 지독히 운이 없기 때문에 다시는 강아지를 기르고 싶지 않아. …… 네 편지 기다릴게 찰스. 이 일로 네가 소식을 끊는다면, 나는 너무 슬플 거야."

메리앤은 스파크 대신 자신이 기르던 강아지를 주겠다고 찰스에게 제안했지만, 다행히 더 좋은 방안이 생겼다. 셸라가 새끼를 가진 것이다. 그래서 오버톤에서 강아지를 데려오는 대신 슈루즈베리에서 곧 태어날 셸라의 새끼를 기다렸다. 얼마 후, 캐롤라인과 수잔은 찰스에게 강아지가 태어났다는 소식을 알렸다. 수잔은 동생에게 "강아지가 몇 주 만에 너무 살이 쪄서 제 발로 서지도 걷지도 못하는 신세가 됐다"라고 익살맞게 전했다.

캐서린은 다윈에게 자주 편지를 쓰지는 않았다. 하지만 새로 태어난 강아지에 대해 웃음이 절로 나오는 소식들을 전했다.

"셸라의 새끼는 정말 볼 만해. 위아래 길이와 좌우 폭이 똑같거든."

스파크의 죽음 이후, 더 이상 슬픈 사고는 일어나지 않았고, 다윈의 누이들은 갓 태어난 강아지를 더 열심히 보살폈다.

"지난주에 페인트공 한 사람이 강아지가 페인트를 먹고 죽었다고 하는 바람에 우리 모두 깜짝 놀랐어. 창문이며 집안 곳곳에 페인트를 칠하느라 여기저기에 페인트가 널려 있었거든. 캐롤라인이 집안을 샅샅이 돌아다닌 끝에 페인트공의 말이 거짓이었다는 걸 알아내고는 그를 나무랐어."

다윈 집안사람 모두가 개를 끔찍하게 보살폈지만, 그렇다고 아무렇게나 버릇없이 내버려두지는 않았다. 다윈 집안에서는 개가 엄격히 지켜야 할 몇 가지 규칙이 있었다. 짜르라는 이름의 개는 사람을 물었다는 이유로 집에서 영구히 추방됐다. 하지만 대부분의 경우, 다윈 집안사람들은 애완동물에게 매우 다정했다. 찰스가 기르던 작은 개 니나는 그가 비글호를 타고 항해를 떠난 뒤 가족들이 보살폈다. 1832년 여름, 어떤 말이 니나의 다리를 물고는 높이 쳐들고 내려놓지 않아 크게 다치는 사건이 벌어졌다.

"니나의 다리가 심하게 부러졌어."

캐롤라인은 다윈에게 걱정 어린 편지를 썼다.

하지만 가족들은 고통 받는 니나를 안락사하지 않고 외과의사의 치료를 받게 했다. 캐롤라인은 걱정하고 있을 동생을 안심시키기 위해 바다 건너 칠레의 발파라이소에 있는 그에게 직접 편지를 썼다.

"니나는 회복되는 중이고, 이젠 아픈 데도 없는 것 같아."

니나의 소식은 그 무렵 슈루즈베리를 덮친 콜레라 때문에 많은 사람이 죽었다는 소식보다 먼저 전할 만큼 중요했다. 캐롤라인은 니나의 상태에 대한 소식을 전하다가 갑자기 생각난 것처럼 이렇게 적었다.

"며칠 전에 사람들이 죽었다는 소식을 들었어."

다른 사람들의 소식을 전할 때도 항상 개 이야기가 빠지지 않았다. 1826년, 캐롤라인은 다윈에게 보내는 편지에서 제인 오스틴의 작품 속 한 구절을 인용하며 '대단히 세련된' 기번 씨를 만나게 된 경위를 들려주었다.

"그 사람이 말을 하거나 고개를 돌릴 때마다 화가나 조각가의 모델일 거라는 생각을 하지 않을 수 없단다. 정말 잘생겼고 생각도 반듯해."

잘 생기고 생각도 반듯한 이 젊은 남자는, 바다에 빠져 죽을 뻔했다가 뉴펀들랜드의 구조를 받고 살아난 한 젊은 여자의 이야기를 들려주며 캐롤라인의 환심을 사려고 했다. 남자는 말끝에 "저는 항상 그 개를 용감한 친구라고 부른답니다"라고 했다. 캐롤라인은 다윈에게 보내는 편지에 무덤덤한 투로 느낌을 덧붙였다.

"그 사람과 나눈 대화의 예를 들려주는 것뿐이야."

19세기 초반의 사교행사에서는 개의 영웅담을 나누는 것이 흔한 일이었으므로, 잘생긴 기번 씨가 그런 이야기로 숙녀들의 관심을 끌려 했던 것은 특이한 일이 아니었다. 〈어린아이를 구하는 뉴펀들랜드〉라는 제목의 판화는 낭만주의 시대 가정에서 흔한 대화의 주제였고, 조지 왕조 시대에도 집집마다 빠짐없이 걸려 있던 그림이었다.

뉴펀들랜드 이야기는 에드윈 랜드시어(Edwin Landseer)가 감상적인 성향의 새로운 세대들을 위해 익사 직전의 인간을 구하는 뉴펀들랜드의 그림을 그린 1830년대에 이르러 더욱 널리 사랑을 받았다. 이 그림은 판화로 복제되면서 대규모의 치열한 판권 전쟁으로 이어지기까지 했다. 이 일로 랜드시어라는 이름은 사람들의 머릿속에 영원히 각인됐다. 그가 그린 흰 바탕에 검은색 얼룩무늬를 가진 개는 지금도 '랜드시어 뉴펀들랜드'라는 이름으로 불리고 있다.

사람의 생명을 구한 고결한 개의 이미지는 19세기 내내 인기를 끌었고, 빅토리아 시대에는 아이들의 동화책, 마호가니 패널, 우표, 기타 가정용품에도 등장했다. 헨리 제임스(Henry James)가 1886년에 발표한 《보스턴 사람들(The Bostonians)》에서 루나 여사의 하숙집에 깔린 러그에는 물에 빠진 어린아이를 구하는 뉴펀들랜드의 그림이 그려져 있는 것으로 묘사돼 있다.

빅토리아 시대 사람들은 동물의 세계에도 도덕이 있다는 환상을 가지고 있었다. 아이들은 사람처럼 말을 하는 벌이 등장해 더 큰 사회의 이익에 기여하기 위해 일해야 한다는 교훈과 근면, 희생을 가르치는 책을 읽었다. 어린아이를 구하는 개의 이미지에는 이렇게 엄격한 빅토리아 시대의 가치가 요약돼 있었다. 이러한 사회 분위기 속에서 자비로운 법안 하나가 통과됐다. 1822년, 리처드 마틴(Richard Martin)은 최초로 반잔혹법을 의회에서 통과시켰고, 이 법안은 1824년 RSPCA(동물학대방지협회)의 설립으로 이어졌다.

〈어린아이를 구하는 뉴펀들랜드〉, J. 로저스

빅토리아 여왕의 치세 초반에 노동에 이용되는 개를 두고 논쟁이 일어났다. 《개와 고양이를 관리하는 법(*Dogs and Cats and How to Manage Them*)》이라는 소책자에서, 저자는 "어린 시절에 빵집 주인, 푸줏간 주인, 고양이 먹이 고기가게 주인, 온갖 종류의 행상들이 개에게 수레를 끌게 하는 모습을 보았다"라고 서술했다. 개는 당나귀보다 더 싸고 온순했다. 그러나 주인에게 학대받으며 노동에 동원된 수천 마리의 개를 구하고자 만들어진 의회의 법안이 오히려 역효과를 가져왔다고 저자는 지적했다. 그러한 노동에 동원하지 않고서는 주인들이 개를 먹여 살릴 여유가 없었기 때문이다.

"한 달도 못 가 런던 거리에서 쓸모 있는 개들의 모습은 거의 자취를 감추었다."

개에 대한 빅토리아 시대 사람들의 시각은 상당히 복잡했다. 개를 바라보는 시선이 항상 연민으로 가득 차 있지는 않았다.

개의 충성심 또한 자주 거론됐다. 당시는 그레이프라이어스에서 주인이 죽은 뒤에도 무려 14년 동안 정성껏 무덤을 돌보았다는 보비라는 개가 유명했던 시대였다. 그러나 미국의 초월주의 작가 헨리 데이비드 소로(Henry David Thoreau)는 그런 행동을 하는 개가 있다고 해서 도덕적으로 선한 존재라고 볼 수 있느냐고 비꼴 정도로 개와 같은 동물에게 고결한 동기가 있다고 보는 관점에 대단히 냉소적이었다.

14년 동안 주인의 무덤을 지킨 보비

"내가 굶고 있을 때 먹을 것을 준 사람이라고 해서, 또는 내가 추위에 떨고 있을 때 몸을 따뜻하게 해준 사람이라고 해서, 또는 내가 물에 빠졌을 때 건져준 사람이라고 해서 그 사람이 반드시 좋은 사람은 아니다. 그 정도의 선행을 베풀어줄 뉴펀들랜드는 얼마든지 있다."

그러나 그로부터 몇 년 후, 60대에 접어든 다윈은 《인간의 유래(The Descent of Man)》를 집필할 때 용감한 뉴펀들랜드에 대한 이야기를 기억해냈다. 이 책의 4장, '도덕성(Moral Sense)'에서 다윈은 개가 다른 종에 속한 개체의 생명을 구하려고 노력할 만큼 이타적이라고 주장했다. 인간의 생명을 구한 뉴펀들랜드의 행동은 빅토리아 시대 사람들이 개의 고결성에 대해 말할 때 많이 거론하는 사례였으며, 다윈도 그 이야기에 매료됐다. 그는 개가 누군가를 구할 때, 또는 누군가를 기억할 때, 누군가에 대한 지속적인 미움이 생길 때 어떤 행동을 하며 이를 어떻게 설명해야 할까에 대해 명확한 결론을 내리고 싶어 했다. 이 모든 것이 전에는 인간만이 가진 독특한 특성으로 간주됐던 것들을 실제로는 동물들도 갖고 있다는 그의 주장을 형성하는 데 기여했다. 만약 개가 사랑을 하고, 누군가를 미워하고, 이타적인 행동을 할 수 있다면, 인간만이 독보적인 존재라는 주장이 얼마나 설득력을 얻을 수 있겠는가.

개의 행동에 흥미를 가진 사람은 찰스만이 아니었다. 스파크가 죽기 전, 수잔과 캐롤라인은 오버톤에 있는 메리앤의 집을 방문했다. 캐롤라인은 찰스가 그토록 그리워하는 스파크의 안부를 몇 번 전한 적이 있었다. 하지만 수잔은 훨씬 더 객관적인 시각을 가지고 세밀한 부분까지 과학적으로 접근해 스파크의 소식을 전했다. 그녀는 오래 떨어져 있었지만 스파크가 자신을 기억할 거라는 남동생의 주장에 흥미를 가졌다. 하지만 스파크가 자신과 캐롤라인을 향해 으르렁거리고 짖어댔으며, 심지어는 캐롤라인의 손가락을 덥석 무는 '버릇없는' 행동까지 했다고 의기양양하게 말하며 찰스의 주장과 전혀 다른 소식을 전했다.

수잔은 스파크에 대한 또 다른 작은 실험이 보다 흥미로운 결과를 가져왔다는 소식도 잊지 않고 전했다. "셸라, 셸라!" 하고 다른 개의 이름을 부르자 눈에 띄게 귀를 바짝 세우고 굉장히 어리둥절한 표정을 지었다는 것이다. 수잔은 개가 오랫동안 떨어져 있어도 집안 식구들을 기억할 것인가에 대한 가족들의 논쟁 때문에 이 문제에 관심을 가지고 있었다. 말 못하는 동물들의 지능과 능력에 대해 호기심을 가진 것은 찰스만이 아니었다. 집안 식구들이 주고받은 편지를 보면, 이 문제를 놓고 서로 자기주장을 내세웠던 것을 알수 있다. 누이들의 편지를 살펴보면, 개들이 자신을 기억할 수 있을까 하는 찰스의 호기심은 비글호를 타고 항해를 시작하면서부터 시작됐다.

기르는 개에 대한 다윈의 관심은 찰스 다윈이라는 한 개인에 대해 매우 중요한 것들을 가르쳐준다. 그는 개들과 대단히 강하고 인간적인 유대 관계를 맺고 있었으며, 개가 자신의 삶에서 매우 중요한 부분을 차지한다고 생각했다. 개는 다윈이 자세히 관찰할 기회를 충분히 가질 수 있었던 대상이었다. 훗날, 다윈이 모든 생명체는 하나의 거대한 가계도(family tree)로 연결돼 있다고 믿게 됐을 때에도, 개에 대한 사실들은 그 가계도의 더 윗부분 어딘가에 있는 동물들에게도 적용할 수 있다고 믿었다. 그러나 다윈이 자신의 이론을 정립하기 전에도 다윈 가문사람들 사이에서는 개들에 대해 생각하고, 개들의 독특한 성격이 의미하는 바를 고려하며, 개들이 행동으로 보여주는 것을 추측하려는 전통이 있었다. 어쩌면 이러한 주변 환경이 인간과 다른 동물들 사이의 관계에 대한 다윈 자신의 사고에 자극을 주었을지도 모른다.

* * *

해마다 여름방학이면 고향으로 돌아온 다윈은 농촌을 누비고 다녔다. 영국은 변하고 있었고, 급속한 산업화가 도시를 변화시키듯 농업도 많은 것이 달라져 시골에서도 그 흔적을 볼 수 있었다. 토지에 울타리를 치고, 단일경작보다는 윤작이 보편화되고, 가축들을 특정한 목적에 적합하도록 사육했다. 타작같이 노동집약적인 작업을 대신해주는 기계들도 제 몫을 다했다. 농부들은 과거보다 적은 노동력으로 더 많은 곡물을 생산할 수 있었고, 일자리를 잃은 노동자들은 새 일자리를 찾아 도시로 나갈 수밖에 없었다.

이러한 환경에서 농부들은 지속적인 '개선'을 위해 경작물, 비료, 재배에 대한 검증된 정보를 원했다. 농촌의 여러 모임은 중요한 정보를 제공했고, 농부들로 하여금 새로운 방법과 실제적인 효과에 대한 경험과 지식을 공유하도록 장려했다. '바스'와 '웨스트 오브 잉글랜드 소사이어티'가 가장 대표적인 단체였다. 이 단체는 농업의 현실을 개선할 수 있다는 믿음을 가진 직물상 에드먼드 랙(Edmund Rack)을 중심으로 한 자선사업가들이 1777년에 설립한 단체였다. 주례 모임, 연례 전시회와 학술지 등은 농업과 관련된 의견을 나누는 토론의 장이 됐다. 농부들이 새로운 아이디어의 가치에 눈을 뜨기 시작하면서 농업 전문지와 신문의 발행 부수는 폭발적으로 증가했다. 가축들을 안전하게 가둘 수 있도록 울타리를 치는 가장 좋은 방법, 해충을 없애기 위해 훈증을 하는 가장 좋은 방법. 이러한 혁신적 아이디어들이 생산성을 최고로 끌어올리기 위한 탐색과정에서 거론됐다.

슈루즈베리도 변하고 있었다. 중세적 분위기가 물씬 풍기는 소도시였지만, 도자기 공업의 그늘을 벗어나지는 못했다. 아버지와 왕진 길에 나선 찰스는 작업장 한구석에 있는 기계 앞에 앉아 쥐꼬리만 한 품삯을 받고 날품팔이를 하는 노동자들의 모습을 보았다. 그는 아버지를 대신해 기록을 하기도 했다. 열여섯 살이 되던 해 여름 방학에는 아버지를 따라 돌아다니며 가난한 환자들을 돌보는 일에 몰두했다. 그런 환자들 대부분이 슈루즈베리 지역의 여성과 어린아이였다. 비록 어린 나이였지만, 찰스를 찾는 환자들이 빠른 속도로 늘어났다. 그들 대부분이 위에서 이야기한 급속한 변화에 의해 소외된 도시의 빈민들이었다.

찰스 역시 집안 소유의 토지를 지나다가, 또는 사냥을 하다가 만난 농부들과 가벼운 인사를 나누며 변하고 있는 시골의 분위기를 느꼈을 것이다. 그는 어떻게 하면 토지의 생산력을 최고로 끌어올리고, 가축들을 잘 돌보며, 작물을 재배해 엄청난 수익을 올릴 수 있을지 고민하는 사람들 속에서 살고 있었다. 다윈 집안은 빅토리아 시대 초기에 일어선 가문이었고, 주변에 가축들을 함께 두고 사는 것이 삶의 일부였다. 그러므로 다윈이 유전에 대해 고민하게 된 것도 처음 보는 외국의 신기한 동물들과 만났을 때가 아니라, 농촌에서 소나 말, 양, 개와 같은 농장 동물들과의 유대 관계를 형성하면서부터였을 것이다.

농부들은 가축의 번식에 대한 고급 정보에 유난히 더 예민했다. 농업계에도 경험 많은 육종가들이 넘쳐났지만, 어떤 기술이 좋은 결과를 가져오는지에 대해서는 정확한 이해가 거의 없었다. 하지만 그러한 몰이해가 육종기술이 발전하는 데 방해가 되는 것은 아니었다. 19세기에 젖소, 돼지, 양 등의 사육은 노동집약적인 사업이었다. 프리지안종의 소는 영국 북부에서 생산됐고, 펨브룩종 소는 웨일즈에서, 애버딘앵거스종은 스코틀랜드에서 육종됐다. 1822년, 더럼의 쇼트혼은 고유 혈통을 가진 최초의 소였다. 이 소의 족보에는 '이 종에 속한' 것으로 간주되는 모든 젖소 개체의 가계도가 기록됐다.

개 육종가들도 정보를 교환하는 데 있어서는 그에 못지않게 열정적이었다. 《전원 스포츠 백과사전》은 육종의 의미를 정의했고, 《패리어(*The Farrier*)》와 《수의학(*The Veterinary*)》에는 기사도 실렸다. 19세기 중반까지 널리 알려진 개의 종은 소수에 불과했다. 예를 들면, 《영국의 네발짐승(*British Quadrupeds*)》(1837)에서도 불도그, 그레이하운드, 테리어, 달마티안, 스패니얼 등 스무 종 남짓의 개를 소개했을 뿐이다.

과거의 개 육종가들은 자신이 필요로 하는 품종의 개를 번식시켰다. 그들에게 다른 사람들의 판단이나 기준은 의미가 없었다. 어떤 개는 주인에게 친구가 돼주면 그만이었고, 어떤 개는 사냥에만 필요했다. 어떤 개는 쥐를 잡았고, 어떤 개는 불청객을 쫓았으며, 어떤 개는 잡힌 사냥감을 물어 왔고, 어떤 개는 기르는 가축을 지켜주었다. 육종가들은 이러한 임무에 가장 적합한 개를 찾아 그 역할에만 충실하도록 길렀고, 그들에게서 새끼를 얻었다.

그러나 19세기 중반에 이르자 단순한 정도를 뛰어넘는 애견가들이 나타나기 시작했다. 그들은 품종의 감별 기준을 세우는 데 몰두하면서 혈통의 순수성을 보호하기 위해 안간힘을 썼다. 1830~40년대, 육종가들은 완벽한 번식방법에 대해 고민하기 시작했고, 족보에 혈통을 기록하는 것이 일반적인 관행이 됐다. 1859년, 최초의 애견쇼가 시작됐고, 1873년에는 케널클럽이 설립됐다. 이 행사들은 그레이하운드처럼 그때까지 애매하게 정의돼 있던 개의 종 구분을 공식화하면서 실리엄 테리어나, 월터 스콧의 소설 속 캐릭터에서 이름을 딴 댄디 딘몬트 같은 새로운 품종의 보급에 앞장섰다.

특징이 제각각 다른 수많은 개의 놀라운 다양성은 어디서 나온 것일까? 다윈은 훗날 "이탈리안 그레이하운드, 블러드하운드, 불도그, 블렌하임 스패니얼과 닮은 동물들이 과거에는 자연 상태에서 자유롭게 생활했었다는 사실을 누가 믿을 수 있을까?"라고 말했다. 호기심 많던 한 젊은이에게 '자연 상태'의 개에 대한 의문이 처음 떠올랐던 것이 언제였는지는 알 수 없다. 그러나 훗날, 번식과 유전에 대한 문제에 관심을 갖게 됐을 때, 그가 자문을 구했던 대상은 가축 전문가와 품종 개량가들이었다. 다윈은 특정 품종이나 혈통이 존재하게 된 정확한 경로와 특정 형질이 각 개체에 영향을 미친 경로를 알고 싶었고, 가축 전문가와 품종 개량가들에게 질문을 하는 것으로 이러한 연구를 시작했다. 그들은 평범한 사람들이었지만 다윈이 일반적인 원칙을 찾는 데 필요한 지식을 제공할 수 있는 충분한 경험을 가지고 있었다.

그러나 다윈은 연구를 시작하기 전에 먼저 학교를 마쳐야 했다. 사격과 개 그리고 쥐잡기에 빠져 산 덕분에 다윈은 대학 시절을 딱히 학업에 매달리지 않고 지낼 수 있었다. 작은 해양생물을 분류하는 전문가가 되기 위해서는 열심히 공부한 반면, 애초에 아버지가 스코틀랜드까지 보낸 목적이었던 의학 커리큘럼에는 별반 관심을 쏟지 않았다. 에든버러에서 보낸 2년 동안 그에게 가장 즐거웠던 순간은 주로 사냥터에서 보낸 시간이었다. 다윈도 자서전에서 대학 시절 사냥에 필요한 기술 때문에 개를 데리고 다녔다고 고백하며, 사냥터에서 즐거운 시간을 보냈음을 인정했다.

> 나는 정말로 사냥을 좋아했다. 하지만 어디를 가야 사냥감을 가장 많이 만날 수 있는지를 판단하는 기술이라든가 개를 잘 쓰는 기술을 운운하며 사냥은 지적 유희에 가깝다고 자신을 설득시키려고 했던 것을 보면, 사냥에 빠져 있던 나 스스로가 어느 정도는 부끄러웠던 모양이다.

엄격한 아버지였던 다윈 박사는 찰스에게 에든버러와 의학은 옳

사냥개

은 길이 아닐지도 모른다는 생각을 하고 타협하기에 이른다. 그러나 케임브리지로 옮긴 후에도 사냥은 오히려 규모가 더 커졌고 다윈은 스스로 점잖게 표현한 '방탕하고 야한' 젊은이들과 어울렸다. 그럼에도 불구하고 그는 당시를 회상할 때 사냥 친구들과의 즐거웠던 순간들을 빼놓을 수 없다고 고백했다.

개는 다윈에게 즐거움 그 자체였다. 다윈은 다른 사람들이 기르는 개를 데려다가 사냥에 쓰고, 같이 어울리던 방탕하고 야한 젊은이들에게는 개에 대한 글을 열심히 써 보냈다. 그러한 행동의 전반적인 목적은 그들 모두가 공유하고 있던 한 가지 가치였다. 하루 종일 나가 즐기기, 시골 마을을 마구잡이로 쏘다니기, 구속 없이 방랑하기, 철에 따라 바뀌는 계절 즐기기, 세상 음미하기. 다윈은 육촌간인 윌리엄 폭스로부터 대시라는 사냥개를 빌렸다. 그는 자신의 가족이 아끼는 동물에게 이름 뒤에 붙여주곤 했던 '군'이라는 호칭을 붙여줄 정도로 대시를 좋아했다.

나와 대시 군은 토요일 아침에 무사히 이곳에 도착했어. 대시 군은 내가 항상 아끼고 존중하는 개야. 누가 5파운드를 준다 해도 나는 이 개를 팔지 않겠어. 대시가 새 떼의 냄새를 맡는 모습이나 내가 손을 쳐들면 달려 나가는 모습을 보았다면 아마 넌 질투심이 부글부글 끓으면서 심술이 났을 거야.

포인터

하지만 다윈은 사냥개에게 엄격했다. 학창 시절, 다윈은 사냥개가 자신의 말에 복종하기를 원했고 주인의 허락 없이 사냥감을 쫓지 못하게 했다. 다윈이 비글호를 타고 떠난 후, 캐롤라인은 시골길을 산책하다가 겪었던 일을 그에게 적어 보냈다.

"핀처는 지금도 네가 가르쳤던 것들을 잘 기억하고 있어. 토끼가 나 잡아봐라, 하고 말하는 것처럼 바로 눈앞을 지나가도 핀처는 순순히 내 곁에 바짝 붙어 따라온단다. 토끼를 잡으러 가지 않고 말이야."

사냥개로서 뛰어난 능력을 가졌음에도 불구하고, 이 개들은 감상적인 대화의 주제가 되기도 했다. 다윈이 비글호를 타고 항해를 떠났을 때, 캐롤라인은 동생이 개들을 어떻게 여기는 사람인지를 분명히 보여줬다.

"가족들의 소식은 전할 만한 게 없어. 불쌍한 핀처가 깨진 유리 조각에 다쳐서 다리의 힘줄이 끊어지는 바람에 평생 절름발이로 지낼지도 모른다는 것 빼고는 말이야."

핀처의 사고는 분명 가족의 출산이나 결혼 못지않게 중요한 소식이었다.

개의 번식에 대한 정보가 필요할 때 다윈이 찾는 사람들 중 하나가 대시의 주인인 윌리엄 D. 폭스였다(D는 다윈의 D다). 폭스는 다윈과는 육촌 간으로, 폭스의 외할아버지가 찰스의 할아버지 이래즈머스의 형이다. 찰스는 폭스의 머리를 빌리고 개과 동물에 관한 그의 지식을 이용하기 위해 많은 편지를 썼다. 폭스는 다윈에게 언제나 친구 같은 존재였으며, 다윈이 자신의 이론을 정립하는 데 필요한 자료들을 마련해준 전문가 팀의 일원이기도 했다. 그러나 케임브리지에서 공부하던 시절에는 아름다운 가을 아침의 전원 풍경을 함께 즐기던 사이에 불과했다.

다윈의 학교생활은 어느 날 갑자기 끝나버렸다. 그 이유가 함께 어울리던 방탕한 젊은이들이나 개와 사냥만 쫓던 열정 때문이었는지는 불분명하다. 아버지에게 의사가 될 자신이 없다는(솔직히 말하자면 수술 장면을 보면 토할 것 같다는) 속내를 털어놓자 다윈 박사는 찰스를 목사로 만들 생각으로 그가 케임브리지에서 공부하겠다는 데 동의했다. 다윈은 신학 공부에는 어설펐지만, 딱정벌레 수집이나 지질학 탐사에는 대단히 뛰어난 재능을 보였다. 하지만 아쉽게도 이 두 분야는 시험 과목에 포함돼 있지 않았다.

살짝 제정신이 아닌 듯하고 뭐든 설렁설렁하는 듯한 인상의 작은아들이었던 찰스는 매사에 철저하고 영민한 아버지와 형이 이루어내는 성취의 그늘 속에서 자랐다. 찰스가 언제나 아버지는 자신을 지나치게 몽상적이고 허약하며, 아버지처럼 재산을 모으려는 의욕조차 없는 한심한 아들이라고 여긴다고 느꼈던 것도 어쩌면 당연한 일이다.

우리가 사는 세상에서 다윈이 차지하고 있는 위치를 생각할 때, 지금으로서는 다윈 박사가 작은아들을 그토록 한심하게—사냥과 개, 쥐잡기에 빠져 사는 아들로—여겼다는 것은 상상하기 힘들다. 그러나 찰스 스스로 아버지가 자신을 신뢰하고 있다고 여기기까지는 오랜 세월이 걸렸다. 개에 대한 자신의 관심을 아버지는 작은아들에게 현실감각이 없다는 증거로 보고 있다고 생각했다. 그는 늘 아버지가 자신에 대해 불안해한다고 느꼈다. 반면, 캐롤라인은 다윈이 항상 아버지를 오해한다고 생각했다.

"찰스는 아버지가 자신을 얼마나 사랑하는지 절반도 이해하지 못하는 것 같다."

케임브리지 생활을 끝낸 다윈은 미래에 대해 여전히 불확실한 마음을 안고 집으로 돌아왔다. 그는 시골의 교구목사라도 되어볼까 생각했다. 하지만 목사라는 직업에 대해서는 자연세계를 연구할 때 그가 느끼는 열정의 수백분의 일도 느낄 수 없었다. 그때 케임브리지에서 찰스에게 식물학을 가르쳤던 존 스티븐스 헨슬로(John Stevens Henslow) 교수로부터 구원의 손길이 다가왔다. 2년 예정으로 남아메리카 해안을 탐사하러 떠나는 영국 군함 비글호에 탑승하기로 예정돼 있는 로버트 피츠로이(Robert Fitzroy)의 연구 협력자로 다윈을 추천한 것이다. 비글호가 탐사를 마치고 다시 영국으로 돌아오기까지 5년이 걸렸다.

영국 군함 비글호

항해를 떠나는 순간에도 그는 매사를 다분히 가정적인 시선으로 보았다. 출발에 앞서 그는 이렇게 썼다.

"지구의 구조에 대해 우리가 가지고 있는 모든 지식은 늙은 암탉이 100에이커 넓이의 밭 한구석에서 모이를 쪼면서 그 밭에 대해 모두 알고 있다고 여기는 것과 같다는 생각이 든다."

'늙은 암탉' 신세로 끝나지 않겠다는 굳은 결심을 안고 다윈은 세계 일주에 나섰다.

100마리 중 한 마리는 긴 다리를 가지고 태어난다.
맬서스의 인구론을 적용하면,
그 100마리 중 단 두 마리만이 살아남아 새끼를 남긴다.
만약 포획해야 할 먹잇감의 움직임이 민첩하다면,
다리가 긴 쪽이
먹이를 차지할 확률이 더 높다.
이렇게 1,000년이 지나면,
결국 다리가 긴 종족만
살아남게 될 것이다.

02

메커니즘

비글호는 1836년 10월 2일, 팔머스 항으로 돌아왔다. 영국을 떠난 지 5년 만이었다. 다윈의 눈에 가장 먼저 들어온 고국의 풍경은 해 질 녘 어스름 속에서 아련히 보이는 콘월의 해변이었다. 그동안 그 는 리오(리우데자네이루), 태즈메이니아, 타히티, 하와이에도 갔었고, 티에라델푸에고의 거친 해변에도 발을 들여놓았다. 말을 타고 파타 고니아 초원을 횡단했으며 칠레의 오소르노 화산이 굉음과 함께 연 기를 토해내는 장면도 보았다. 오스트레일리아의 블루 마운틴에서 는 고무나무 사이를 게걸음으로 걸어야 했다. 그러나 지금 당장 다 윈이 하고 싶은 일은 슈루즈베리의 집으로 돌아가는 것이었다.

다윈은 영국에 도착하자마자 집에 전갈을 보내는 것으로 시간을 낭비하지 않고 곧장 역마차를 타고 이틀 동안 쉬지 않고 달렸다. 그는 지극히 일상적인 것처럼 누구에게도 알리지 않고 태연히 집에 도착할 계획이었다. 창밖에 펼쳐진 영국의 푸르고 아름다운 풍경을 경이로운 눈길로 바라보았다. 아마도 그는 흔들리는 마차 속에서 자신의 계획에 만족하며 스스로 미소를 지었을 것이다.

목요일 밤, 가족 모두가 곤히 잠들어 있는 시각에 그는 드디어 슈루즈베리에 도착했다. 가족들을 깜짝 놀라게 해줄 생각으로 아무도 깨우지 않은 채 몰래 잠자리에 들었다. 다음 날 아침 식당에 태연히 나타나 누이들을 놀라게 할 생각이었다. 다윈을 보고 가족 모두가 화들짝 놀란 것은 당연했다. 5년 만에 동생을 만난 누이들이 재회의 기쁨에 비명을 지르며 놀라는 장면은 충분히 상상할 수 있는 일이었다. 그날은 하루 종일 계획에 없던 파티가 계속됐다. 하인들도 거나하게 술에 취했다. 다윈은 재회의 기쁨을 삼촌 조사이어에게 보내는 편지에 이렇게 표현했다.

"너무 행복합니다."

그러나 집에 도착한 첫날부터 다윈은 개를 찾았다.

"네가 돌아오면 핀처가 얼마나 기뻐할지 궁금해."

캐롤라인은 1833년 크리스마스 직후, 남동생이 가우초처럼 말을 타고 남아메리카의 초원을 달리는 모습을 상상하며 편지를 썼다.

다윈이 정말 돌아오면 어떤 장면이 펼쳐질까, 남동생과 누이는 궁금해했다. 개의 기억력에 대한 캐롤라인의 실험은 어떻게 됐을까?

다윈은 도착하자마자 실험에 들어갔다. 프랜시스는 그때의 일을 이렇게 기록했다.

"아버지가 기르는 개가 한 마리 있었는데, 아버지에게만 충직할 뿐, 다른 사람들에게는 무뚝뚝하고 험악하게 굴었다. 아버지가 비글호 항해에서 돌아오자 그 개는 아버지를 알아보고 반겼다. 자신을 알아보고 취하는 행동이 다소 의외였는지, 아버지는 늘 그 이야기를 즐겨 들려주셨다."

낯선 사람에게 사납고 포악하게 구는 개가 한 마리 있었다. 나는 5년 하고도 이틀 동안 집을 비웠다가 돌아온 뒤, 의도적으로 이 녀석의 기억력을 테스트해보기로 했다. 개집으로 다가가 옛날에 늘 그랬던 것처럼 소리쳐 녀석을 불렀다. 녀석은 전혀 반가운 기색이 없었지만, 내 목소리를 듣자마자 걸어 나와 명령을 기다렸다. 마치 2, 30분 전에 헤어졌다 다시 만난 주인을 대하는 것 같았다. 5년 동안 녀석의 내면에 잠들어 있던 일련의 연상들이 일시에 깨어난 것이다.

기억실험의 결과는 분명했다. 낯선 사람을 경계하던 개가 다윈이

불도그

불렀을 땐 짖지 않았다. 5년이 지났음에도 불구하고 주인을 금방 기억해냈다. 5년은 개의 수명으로 반평생에 가까운 기간이다. 다윈에게 이 실험은 개의 지적 능력이 상대적으로 고차원적이라는 결과로 남았다.

'사나운', 그러나 다윈을 기억했던 그 개의 이름은 알 수 없다. 순한 사냥개였던 핀처는 아니었을 것 같다. 사납다는 것으로 보아 아마도 사람을 문 벌로 쫓겨난 짜르로 추정된다. 하지만 5년 하고도 이틀간의 이별은 비글호 항해로 보낸 중요한 시기였고, 집에 돌아온 바로 그날 개의 지적 능력을 알아보기 위한 실험에 나섰다는 것이 중요하다.

다윈은 개가 복잡한 감정구조를 가지고 있다는 사실을 증명하게 돼 기뻤다. 개의 감정구조는 오래된 관계를 계속해서 연결해주고 장기적인 기억을 가능하게 해줬다. 그러나 하나의 생명체로서 개에게 늘 관심을 가지고 있었던 다윈은 모든 생명체 사이의 연결 관계를 탐구하는 과정을 시작함으로써, 한층 더 범위가 넓어진 '유연관계'라는 측면에서 개를 바라보게 됐다. 그 과정은 결국 다윈에게 개와 인간은 놀라울 정도로 많은 공통점을 가진, 매우 가까운 동물이라는 결과를 안겨주었다.

다윈은 영국으로 완전히 돌아왔다. 그는 런던의 과학계에서 활동하기 시작했다. 지질학회와 지리학회 모임에도 나가고, 찰스 라이엘(Charles Lyell) 같은 저명한 지질학자와도 교류하기 시작했다. 다윈 박사는 매년 400파운드의 생활비를 지원해 찰스가 경제적 문제를 걱정하지 않고 자유롭게 연구할 수 있는 기반을 마련해주었다. 찰스의 유일한 불만은 전원생활이 그립다는 점이었다.

"난 런던의 거리가 정말 싫어."

그는 그렇게 불평했다.

다윈이 해야 할 가장 시급한 일은 비글호 항해를 통해 그가 수집해온 자료의 분류를 도와줄 전문가를 찾는 것이었다. 그가 모은 자료는 유골함에 담아온 곰팡이부터 거대한 선사시대 동물의 뼈까지 다양했다. 다윈은 피부와 깃털을 한 조로 묶어 보관한 새의 분류작업을 위해 존 굴드(John Gould)를 찾았다. 그는 동물학회에서 100파운드의 연봉을 받고 표본을 만들어 분류하는 일을 했다. 비록 지위는 낮았지만 굉장히 박학다식했고, 취미삼아 새를 분류하기도 했다. 거대한 뼈의 분류작업은 외과대학(College of Surgeons)의 젊고 유능한 의사 리처드 오언(Richard Owen)에게 맡겼다. 그는 다윈이 내민 뼈를 보자마자 멸종된 자이언트 라마와 카피바라스라고 확신했다. 이 두 동물은 지금도 남아메리카를 활보하고 있는 종들과 매우 유사한 형태를 가지고 있지만, 크기가 훨씬 더 컸다. 오언의 발견은 다윈에게 대단히 흥미로운 것이었다.

굴드는 얼마 후, 다윈에게 분류결과를 가지고 왔다. 그는 다윈이 수집한 표본이 매우 방대함에도 불구하고 갈라파고스의 새들은 모두 매우 밀접한 연관이 있다는 사실을 증명해냈다. 작은 새의 피부 조직을 면밀히 검사한 결과, 갈라파고스에서 가지고 온 표본은 모두 피리새류에 속하며, 13종의 '전혀 새로운' 부류라는 것을 밝혀낸 것이다. 다윈은 각각의 피리새가 겉보기에 크게 달랐던 이유는 생태환경이 전혀 다른 섬에서 수집한 표본이었기 때문이라고 생각했다. 다윈은 더 정확한 사실을 알기 위해서는 각각의 표본이 수집된 장소를 라벨로 붙여놓았어야 했다는 사실을 깨달았다. 결국 그는 비글호의 다른 대원들이 잡은 표본들을 추적해 자기 나름의 방법으로 출처를 재구성해나갔다.

다윈은 두 가지 일을 동시에 진행했다. 공적으로는 전문가 조직을 만들어 표본의 분류를 진행했고, 동시에 비글호 항해에 대한 보고서를 서둘러 정리했다. 비글호 항해 보고서는 출판 준비가 거의 끝나가고 있었다. 그러나 다른 사람들은 도저히 읽을 수 없을 정도로 휘갈겨 쓴 사적인 기록을 정리하여 하나의 이론으로 발전시키고 있었다.

다윈은 '종의 의문'이라고 불리던 문제를 붙들고 씨름하는 중이었다. 1836년, 고등교육을 받은 사람들 대부분은 종이 '불변의 것'이라고 믿었다. 신이 이 세상을 《창세기》에 설명된 그대로 창조했으며, 각각의 생명체들은 완벽하고 완전한 암수 한 쌍으로 만들어졌다는 것이다. 종의 불변성에 의문을 갖는다는 것은 곧 신의 존재 자체를 의심하는 것과 마찬가지였다. 그러나 빅토리아 시대 초기에 이르러서는 시간의 흐름에 따라 종도 변화한다는 주장이 더러 나타났다. 남부 해안에서 화석을 채취하는 아마추어 수집가들도 이제 지구에는 더 이상 존재하지 않는 암모나이트 같은 생물의 흔적을 볼 수 있었다. 18세기로 거슬러 올라가, 찰스의 친할아버지였던 이래즈머스 다윈도 모든 생명은 하나의 조상으로부터 나왔다고 주장했었다.

그렇다면 과거에 제기된 이래즈머스 다윈의 주장이 사실은 옳았던 것일까? 해변에서 화석을 찾는 사람들이 발견한 작은 생명체의 흔적부터 이제는 멸종돼 공룡이라는 새로운 이름으로 불리는 거대한 동물의 뼈까지, 빅토리아 시대의 관찰자들은 지구의 생명체가 전혀 변하지 않는 존재라는 사실을 의심하기 시작했다. 특히 다윈이 오언에게 맡긴 남아메리카의 거대한 뼈의 주인같이 이미 멸종해버린 동물이 현존하는 생물 종과 가까운 유연관계를 가지고 있는 것처럼 보일 때는 더욱 그랬다. 어쩌면 멸종된 동물들이 살아 있는 생물 종의 조상일지도 모르는 일이었다.

비글호 항해에서 막 돌아온 다윈은 자신이 본 모든 것을 점검했다. 굴드가 분류한 피리새류 중에서 다윈이 발견한 증거는 단 하나, 즉 전체적으로 보았을 때 점점 분명해지는 하나의 패턴이었다. 지

1. 에스키모개
2. 카니스 딩고, 오스트레일리아산 들개
3. 멕시코의 애완견
4. 부안슈어 쿠온 프리마부스

구를 한 바퀴 돌면서 수집해온 표본들은 그와 함께 자란 집짐승들에게로 그의 관심을 다시 돌려놓았다. 갈라파고스 섬에 사는 새들의 다양성은 수없이 다양한 닭의 종류와 이름도 알 수 없는 집비둘기, 슈루즈베리에서 늘 보며 자랐던 여러 혈통의 개를 떠올리게 했다. 정확히 말하자면, 생명체들이 어떻게 그런 놀라운 다양성을 만들어낼 수 있는가 하는 것이었다. 갈라파고스 피리새부터 영국의 조그마한 푸들, 불도그와 블러드하운드에 이르기까지 모든 혈통의 동물이 야생에 존재했던 단 하나의 조상으로부터 갈라진 것이다.

각각의 종이 신의 완벽한 피조물이라고 여겨지는 세상에서, 다른 개체와 조금 달라 보이는 개체를 관찰한 사람들은 '다름'이 애초에 완벽했던 신의 계획으로부터 벗어난 '기형'일 것이라는 결론을 내렸다. 그러나 그 개체에게 사소한 차이가 나타나도록 만든 요인은 무엇일까? 이 장의 첫 부분에 인용된 글에서 다윈이 지적했듯이, 민첩하게 움직이는 먹잇감을 추격해야 하는 육식동물 집단의 경우, 다리가 길고 달리는 속도가 빠른 개체가 가장 먼저 먹이를 차지할 확률이 높다.

다윈은 살아 있는 개체가 생존하는 데 유리한 이런 식의 적응에 특히 관심을 가졌다. 피리새 중에서 어떤 종은 부리가 커 작은 새들은 엄두도 낼 수 없는 견과류를 깨뜨려 먹을 수 있다. 블러드하운드는 매우 뛰어난 후각을 가지고 있어 범죄자 사냥으로 먹을 것을 얻는다. 그러나 이런 특별한 능력들은 애초에 어디에서 왔을까? 어떻게 살아 있는 생명체들에게서 이러한 변이가 일어났을까?

더 심층적인 의문들이 꼬리를 물고 이어졌다. 세상이 서로 각기 다른 개체들로 가득 차 있다고 하자. 그러다가 한 개체에서 작은 변이가 일어나고, 그 변이를 통해 '고정'된 새로운 장점이 후대에게 전달될 수 있을까? 다윈은 이러한 과정을 "1,000년이 지나면, 결국 다리가 긴 종족만 살아남게 될 것이다"라는 말로 설명했다. 새로운 '종족'—또는 새로운 '종'—이 확립됐을지도 모르는 일이다. 다윈은 자연적 또는 인공적인 번식에서 자신이 목격한 수많은 변이에 대해 생각하기 시작했다. 그는 변이를 신의 피조물에게서 나타난 '기형'이나 완벽으로부터의 이탈이 아닌 정말 놀라운 것, 시간의 흐름과 함께 종이 변화를 겪을 수 있게 해주는 핵심으로 생각했다.

1837년 7월, 다윈은 'B'라는 표제가 붙은 갈색 가죽 표지의 새 노트에 기록을 하기 시작했다. 별로 특별하지도 않은 노트에 일정한 순서 없이 되는 대로 휘갈겨 쓴 듯 보이는 이 기록들은 사실 방대한 양의 체계적 사고를 밖으로 표현한 것이었다. 다윈은 자신이 아는 것들을 망라해 분류했다. 대학에서 배운 것 중 일부는 그대로 유지하고, 어떤 것은 버리고, 항해를 하는 동안 보았던 것과 나중에 돌아와서 알게 된 것 사이에서 새로운 연결고리를 찾기도 했다. 그는 이제 거의 변이론자—한 종이 아주 긴 시간 속에서 다른 종으로 천

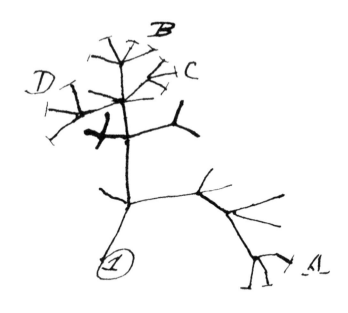

생명체의 진화 이론을 연상시키는 다윈의 나무 그림

천히 변했을지도 모른다고 믿는 ─가 돼가고 있었다.

　다윈은 애초에 품었던 두 가지 의문에 마지막 한 가지 의문을 덧
붙였다. 모든 것이 자신과는 다른 어떤 것으로부터 진화됐다면, 이
세상에 존재하는 모든 종은 어떻게 서로 연결되는가? 다윈은 하나
의 시원으로부터 시작해 시간이 흐름에 따라 가지를 치면서 사방팔
방으로 성장하는 산호초 같은 이미지를 떠올렸다.

　가지를 치는 유연관계의 네트워크, 모든 생명체는 하나의 조상에

서 비롯돼 시간이 흐름에 따라 진화하고 다양해졌다는 다윈의 생각이 이 한 그루의 나무에 담겨 있다. 이 나무 그림 위에 다윈은 흘려 쓴 글씨로 이렇게 기록했다.

"나는 생각한다(I think)."

다윈은 이론을 만드는 데만 머물지 않았다. 그는 여러 가지 서로 다른 출처로부터 확실한 증거들을 열정적으로 수집했다. 동물학회의 열정적 애견가인 윌리엄 야렐과 개와 늑대, 그리고 자칼의 연관관계에 대한 18세기 전문가 헌터, 《영국의 네발짐승》이라는 책에서 개의 혈통목록을 정리한 토머스 벨 교수 등이 주요 출처였다. 다윈은 앤더슨이 창간한 《농업의 여가(Recreation In Agriculture)》, 개에 대한 해밀턴의 책, 소에 대한 콜리의 책, 그리고 이래즈머스 다윈의 책을 읽었다.

다윈은 실제 경험이 많은 사람들을 찾아다녔다. 특히, 품평대회에서 상을 받은 육종가들이 그 대상이었다. 그는 언제나 집짐승과 식물―개, 고양이, 비둘기, 꿀벌, 밀, 보리 등―이야말로 중요한 출발점이 될 거라고 믿었다.

"관찰을 시작할 때, 집짐승과 식물을 세밀하게 연구하는 것이 이 난해한 문제를 해결할 수 있는 최선의 방법이 될 것 같았다."

다윈은 변이가 어떻게 일어나는지 알고 싶었다. 때문에 직접 변이가 일어나도록 조작한 경험이 있는 사람들에게 자문을 구하는 것은 당연한 일이었다. 사람의 손에 길든 짐승에게서 가장 정교한 변이가 일어나는 것이 틀림없어 보였다. "변이를 위한 최적의 조건은 유기체가 인간의 손길 아래서 수세대의 번식을 거치는 것"이라고 그는 확신했다.

다윈은 또한 지금 이 순간에도 종의 변화가 진행 중이라는 사실을 확인하고 싶었다. 그러나 자연 상태에서의 그 과정은 너무나 느리고 미세해 인간이 관찰하기는 불가능했다. 그래서 그는 바람직한 형질을 얻기 위한 동물과 식물의 선택이라는 그와 유사한 과정으로부터 무언가를 알아낼 수 있을 것이라는 바람을 가지고 육종가들에게 눈길을 돌렸다. 그는 생존에 유리한 긴 다리가 어떻게 형성됐는지를 보여줄 수 있는 전문가를 찾아다녔다.

다윈은 자신이 관심을 가진 분야의 전문가를 찾아내는 데 특히 열심이었다. 그리고 그런 사람을 발견하면 자신이 가진 의문을 해소하기 위해 질문을 퍼부었다. 그가 일하는 방식은 평생 동안 어떤 한 가지 주제를 다루어온 사람을 찾아낸 뒤, 질문을 하고, 그들의 의견을 수집하면서 자신의 이론에 보탬이 될 새로운 질문을 다시 던지는 것이었다. 이러한 방법은 그의 연구의 특징이 됐고, 그는 평생토록 이 방법을 고수했다.

하지만 더 깊이 들여다보면, 이 방법은 여러 사람의 협력하에 누적된 사실의 집합이 중심지(다윈의 연구)로 녹아들어가고, 그 후에 평

털이 부드러운 콜리

가와 판단이 이루어지는 철학적인 연구방법이었다. 그는 특정 식물의 종류에 정통한 사람을 수소문했고, 특이한 비둘기 육종에 밝은 사람을 만났다. 새끼를 볼 줄 아는 눈이 있고, 혈통을 따질 줄 알며, 건강한 뒷다리를 보면 반길 줄 아는 사람, 한마디로 개에 대해 모르는 것이 없는 사람과 이야기를 나누었다. 그리고 그들이 아는 것을 모두 수집해 연구에 이용했다.

다윈은 한 권의 노트를 다 채우고, 또 한 권의 노트를 채우고, 또 다른 노트에 기록을 이어갔다. 그 노트들은 가장 비밀스럽고 소중한 생각의 저장고였다. 그 후로 오랜 세월이 지나 자서전을 쓸 때 다윈은 이 비밀스러운 기록을 다시 들여다보았다. 그때 다윈은 그동안 자신이 얼마나 열심히 연구에 몰두해왔는지 깜짝 놀랐다. 한 노신사가 젊은 시절 자신의 열정을 보고 감탄한 것이다.

"내가 읽고 요약한 수많은 책과 학술지, 보고서를 보니 나의 부지런함이 감탄스러울 따름이다."

다윈의 기록에는 개에 대한 이야기가 반복해서 등장했다. 다윈은 개에 관한 사례에 특히 관심을 가졌다. 그것이 가능한 이유는 함께 일할 전문가를 찾아내기가 쉬웠기 때문이다. 또 다른 이유는 그가 개인적으로 관심을 가진 주제라는 점이다. 그리고 마지막으로, 개는 그 자체로 흥미로운 문제들을 가지고 있었다. 개는 크기나 형태에 있어 종류가 가장 다양한 동물이다. 하지만 다윈에게는 아직도 그러한 변이가 어디에서 비롯됐는지 불분명했다.

다윈은 열심히 연구했다. 그는 고대 이집트 시대에 살았던 개에 관한 증거를 탐구하고, 4,000년 전에는 개를 어떻게 사육했는지 기록된 자료를 파헤쳤다. 책을 읽고 일일이 표시를 해가며 늑대와 개에 대한 의문에 대해서도 연구했다. 차츰 문제에 대한 답이 떠올랐다. 만약 늑대와 개를 단일 종에 뿌리를 둔 야생종과 순화종으로 분류할 수 있다면, 이 두 동물은 왜 교잡육종이 안 되는 걸까?

다윈은 그레이하운드에 특히 매료됐다. 그레이하운드는 그가 사냥개의 속도와 정확성은 어떻게 발달된 것일까를 파헤치면서 관심을 갖게 된 사례였다. 그레이하운드는 어떻게 변이가 일어나는지, 유리한 변이, 예를 들면 긴 다리 같은 변이가 다른 개체들을 물리치고 그 형질을 후대에게 물려주는 데 어떻게 도움이 되는지를 실험해볼 수 있는 완벽한 사례로 보았다. 다윈에게 있어 개는 관심의 대상이었을 뿐만 아니라 그가 이론을 완성하는 과정에서 중요한 부분이었다.

연구를 거듭할수록 더 많은 의문이 생겼다. '종'이란 무엇인가? 다윈은 물었다. 종이란 실제로 존재하는, 추상적으로 정의할 수 있는 것인가? 아니면 박물학자가 자연 상태에서 발견한 인공적인 구성물인가? 종과 변종은 단일 연속선상에 존재하는가? 종이란 같은 종류의 특이점을 좀 더 잘 정의해놓은 것에 불과한가?

그레이하운드

다윈은 이 문제에 특히 더 매달렸다. 그는 종이 실제로 존재한다는 전문가들의 말에 힘을 얻었다.

"굴드가 말했듯이, 종의 아름다움은 그 엄밀함에 있다."

수많은 갈라파고스의 새들을 구분하는 굴드의 뛰어난 안목에 다윈은 큰 감명을 받았다. 그러나 개의 혈통 번식이 우연이나 사기가 아니라 엄연한 사실이라는 것을 평소 경험했던 다윈은 거기서 한 걸음 더 나아갔다.

"그러나 혈통 번식이 가능하듯 변이도 가능하다면, 1,000마리의 그레이하운드를 번식했을 때 그레이하운드가 아닌 다른 개체가 나올 수도 있지 않을까?"

다윈은 생물학이 던진 가장 난해한 문제에 직면했다.

이 문제의 해결과정은 여러 가지 서로 다른 출처로부터 수집한 정보들과 함께 노트에 기록돼 있다. 다윈이 개와 관련한 문제를 가장 자주 논의한 상대는 윌리엄 야렐이었다. 야렐은 탁월한 사냥꾼이자 노련한 낚시꾼으로, 런던에서는 그를 따를 사람이 없었다. 또한 생생한 설명, 특히 깃털에 대한 자세한 묘사력으로 영국에 서식하는 새를 소개한 교과서적인 책을 쓰기도 했다. 다윈은 동물학회에서 야렐을 만났다. 동물학회는 리젠트 파크에 있는 동물원과 파노라마, 디오라마, 그리고 관광객들 사이에서 유명한 볼거리로 통하는 라이체스터 스퀘어 28번지에서 주로 열렸다.

야렐은 신문 보급사업으로 부자가 된 사람이었다. 부유한 신사였던 그는 여가를 여러 가지 취미생활로 보낼 수 있을 만큼 여유가 있었다. 주로 낚시, 사냥, 사냥개 육종 등에 많은 시간을 할애했다. 진화를 이론화하기 시작했던 시기에 기록한 비밀노트에 야렐로부터 직접 들은 정보를 그의 이름까지 표시하며 인용해놓은 것을 보면, 여러 가지 정보에 밝은 이 신사와의 대화가 다윈에게는 매우 소중했다는 사실을 알 수 있다.

다윈이 야렐에게 자주 의견을 구했던 분야 중 하나는 유전이라는 문제와 관련된 육종 전문가로서의 경험이었다. 자손이 부모의 형질을 물려받고 태어나는 것에 대해 야렐은 어떻게 생각할까? 그는 아주 분명하게 대답했다. 더 오래전에 확립된 변이일수록 새로 나타난 변이보다 교잡에 더 큰 영향을 끼친다는 것이었다.

다윈이 개에 관해 자주 이야기를 나누었던 또 한 사람은 육촌인 윌리엄 폭스였다. 두 사람은 케임브리지의 크라이스트 칼리지에 다닐 때 가까워졌다. 나이가 약간 더 많은 폭스가 자연사에 관심을 가지고 있는 친구들에게 다윈을 소개시켜주고 시험 준비에 조언을 해주는 등 그를 도와주었다. 두 사람은 목사가 되기 위해 공부를 했지만, 목사직을 받아들인 사람은 폭스뿐이었다. 그럼에도 불구하고 두 사람은 평생 친구로 지냈다.

케임브리지에서 두 사람은 사냥을 하며 많은 시간을 보냈다. 동물을 사냥하기도 했지만, 딱정벌레도 열심히 잡으러 다녔다. 두 사람은 항상 각각 사포와 대시라는 이름의 개를 데리고 다녔는데, 이들이 서로 주고받은 편지에도 이 개들이 자주 등장한다. 다윈은 케임브리지를 떠난 뒤에도 폭스와 꾸준히 편지를 주고받았을 뿐만 아니라, 비글호를 타고 항해를 떠난 사이에 폭스가 결혼을 하고 목사로서 첫 목회지에 부임했을 때에도 서신왕래가 끊이지 않았다.

다윈은 폭스가 박물학자로서의 직업을 포기한 것을 두고두고 아쉬워했지만, 폭스는 전혀 그렇지 않았다. 폭스는 타고난 목사였다. 그러나 목사가 된 후에도 자연세계에 대한 깊은 관심은 사라지지 않았다. 1837년경, 폭스는 체셔 주 델라미어의 교구목사가 되면서 과학적 관심사를 이어갈 수 있는 약간의 여유가 생겼다. 동물의 육종은 언제나 그의 특별한 관심사였다. 병아리부터 시작했던 사육과정이 이제는 다윈과의 편지에 자주 등장하는 주제가 됐고, 다윈에게는 그것이 큰 기쁨이었다.

폭스는 다윈이 진화에 대해 기록한 첫 노트에서 가장 자주 인용한 정보의 출처였다. 다윈은 폭스에게 정답고 희망적인 어조로 편지를 써 보냈다.

"동물의 교배에 대한 나의 질문에 잊지 않고 답을 해주다니, 자네는 정말 좋은 사람이야. 자네의 이야기를 듣고 기뻤네. 이건 이제 나의 가장 중요한 취미가 됐어. 내가 진실로 생각하건대 언젠가는 종과 변이라는 가장 미묘한 주제에 대해 뭔가 결실을 볼 수 있게 될 것 같네."

폭스와 다윈은 언제나 깊은 존경심이 드러난 편지를 주고받았지만, 폭스는 끝내 다윈의 이론을 받아들이지 않았다. 폭스는 마지막까지 신의 창조론을 믿었다.

항해에서 돌아온 다음 해인 1837년 11월, 다윈은 휴가철에 와이트 섬으로 폭스를 만나러 갔다. 두 사람은 개의 육종에 관한 문제들과 어떻게 하면 그 문제의 해결방법을 찾을 수 있을지에 대해 자세히 논의하며 행복한 시간을 보냈다. 그 후, 폭스는 유명한 블러드하운드 육종가였던 존 하워드 골턴(John Howard Galton)에게 편지를 썼다.

다윈은 육종가들이 어떻게 자신이 번식시킨 혈통을 순수하게 지킬 수 있는지 알고 싶었다. 즉, 어떻게 원하는 형질을 유지하고 다른 형질이 끼어드는 것을 막을 수 있는지 궁금했던 것이다. 육종가들이 원하는 형질을 유지하는 데 주로 응용한 기술은 동종교배, 즉 가까운 관계에 있는 개들끼리 교배시키는 것이었다. 그러나 골턴은 폭스에게 이 방법의 단점도 분명히 밝혔다.

"가까운 친척 관계의 개체끼리 교배시켜 태어난 새끼는 빨리 늙습니다."

골턴은 순종견이 잡종견에 비해 병치레가 잦고 수명이 짧다는

리트리버(Canis familiaris)

점을 지적했다.

다윈의 초기 기록에 자주 등장한 블러드하운드 애호가는 골턴만이 아니었다. '옥스퍼드 가의 벨 씨'라고 부른 사람도 있었다. 제이컵 벨(Jacob Bell)은 직업이 약사였는데, 그가 일하는 곳은 가족이 소유한 재정이 튼튼한 회사였다. 그의 아버지는 사업 수완이 뛰어나 상당히 큰 기업을 소유하고 있었기 때문에 벨은 예술가를 후원하거나 지식인들의 모임에 참석하는 등 경제적으로 여유로운 생활을 누렸다. 특히 빅토리아 시대의 영국에서 동물화로 유명했던 에드윈 랜드시어를 후원했다.

랜드시어는 벨이 기르는 블러드하운드를 여러 번 그렸다. 벨은 안목이 매우 예리하고 특출한 육종가였다. 또 한 사람의 벨이라 할 수 있었던 킹스 칼리지의 교수는 "블러드하운드는 점점 사라져가고 있으며 진정으로 순수혈통이라 할 수 있는 개체는 이제 매우 드물다. 현재 남아 있는 극소수 순수혈통 블러드하운드 중에서 가장 훌륭한 예를 고르라면, 나는 옥스퍼드 스트리트에 사는 벨 씨의 개들을 추천하겠다. 벨 씨는 블러드하운드의 혈통을 매우 순수하게 유지하고 있다"라고 주장했다. 벨은 랜드시어의 그림을 비싼 값에 샀다. 또한 당시 랜드시어가 골머리를 앓고 있던 판화의 무허가 복제본을 막기 위해 저작권을 확보하는 방법과 같은 사업상의 문제에 대해서도 매우 유용한 도움을 주었다.

랜드시어가 최초로 그린 벨의 블러드하운드 그림은 1835년에 제작된 〈잠자는 블러드하운드(Sleeping Bloodhound)〉였다. 벨은 사업장에서 멀리 떨어진 완즈워스의 저택에서 생활했다. 1835년, 그가 아끼던 개 카운테스가 높이 6미터가 넘는 저택 지붕의 난간에서 떨어졌다. 벨은 즉시 개를 안고 집을 나섰다. 그러나 그가 찾아간 곳은 동물병원이 아니라 세인트 존스 우드에 있는 랜드시어의 집이었다. 랜드시어에게 카운테스를 그리게 하려던 것이었다. 카운테스가 곧 죽을 것이라고 생각했던 그는 카운테스의 모습을 그림으로 남겨 간직하려 했다. 랜드시어는 벨이 요구한 대로 그림을 그렸고, 다행히 카운테스는 죽지 않았다.

몇 년 후, 벨은 랜드시어에게 또다시 한 점의 그림을 부탁했다. 1839년에 그린 유명한 그림 〈디그너티와 임퓨던스(Dignity and Impudence)〉였다. 그림 속의 두 마리 개는 블러드하운드종인 그래프턴과 웨스트 하이랜드 테리어종인 스크래치였다. 그림으로 보면 아주 평화로운 장면이지만, 사실 그래프턴은 얌전하지 않았다. 그래프턴은 다른 개와 함께 같은 방에서 밤을 보내게 되자, 상대를 심하게 물어뜯었다. 벨은, "다시 한 번 이런 짓을 하면 쏴 죽이겠다"라고 으름장을 놓았다. 1839년, 벨은 랜드시어의 동생 찰스에게 지푸라기 위에 엎드려 있는 블러드하운드 암컷과 어미의 등에 올라타 있는 새끼들을 그리게 했다.

〈디그너티와 임퓨던스〉, 에드윈 랜드시어

벨이 지켜낸 순수혈통은 애견가들에게 큰 기쁨임과 동시에 다윈에게도 유용한 자료였다. 벨은 다른 누구보다도 훌륭한 육종 기록을 갖고 있었기 때문이다. 그 기록은 특히 다윈의 관심을 끌었다. 그는 벨로부터 얻은 정보를 자신의 노트는 물론 편지에서도 여러 차례 언급했다. 야렐과 마찬가지로 벨도 다윈의 믿음직한 조언자 목록에 이름을 올렸다. 교배에 관한 그의 경험과 세밀한 기록은 다윈에게 너무나도 중요하고 유용했다. 다윈의 조력자 목록에는 개에 관한 전문가만 있었던 건 아니다. 윌리엄 테제트메이어(William Tegetmeier)는 비둘기를 사랑하는 저널리스트였고, 다윈의 삼촌과 이웃인 조지 톨렛(George Tollet)은 가축을 많이 기르는 사람이었다. 이들 역시 다윈에게는 중요한 조언자였다.

다윈은 많은 사례를 수집한 뒤 자신의 이론을 구상하기 시작했다. 하지만 이제는 자신이 생각하고 있는 메커니즘이 실제로 어떻게 작용할 수 있었을지를 구체화해야 했다. 이 작업을 위해 그는 특히 두 학자로부터 힌트를 얻었다. 첫 번째는 지질학자 찰스 라이엘로, 다윈에게 '억겁(億劫)'이라는 시간 감각을 처음으로 알려준 사람이었다. 두 번째는 자연세계의 과잉 번식에 대처할 방법을 제시한 토머스 맬서스 목사였다.

찰스 라이엘은 다윈보다 열 살 위였고, 이미 지질학자로서 명성을 얻은 사람이었다. 《라이엘의 지질학 원리(Lyell's Principle of Geology)》는 다윈이 비글호에 승선했을 때도 지녔던 책으로, 선실의 희미한 불빛 아래서 읽기에 좋은 책이었다. 라이엘 본인은 진화론자가 아니었지만, 지구 나이에 대한 그의 고찰은 결국 다윈이 하나의 종이 어떻게 다른 종으로 변화할 수 있는지 의문을 푸는 데 도움을 주었다.

다윈은 하나의 종에서 오랜 시간에 걸쳐 꾸준히 누적되는 작은 변화에 초점을 맞췄다. 변화의 크기가 작다면, 우리가 그 변이를 직접 보고 확인할 수 없다는 사실도 설명할 수 있었다. 변화의 크기가 너무나 작기 때문에 하루하루의 일상적인 수준에서 보면 도저히 인간의 눈으로는 알아챌 수 없었다. 그런 변화를 계속 누적시켜 분류학자들이 서로 다른 종을 구분할 때처럼 확연히 드러나는 차이로 만들어주는 것은 오직 긴 시간뿐이었다.

그러나 그 작은 변화들이 모이고 쌓여서, 족제비처럼 생긴 동물이 개와 비슷한 동물로 변할 정도로 큰 차이가 나타나려면 상상할 수도 없을 만큼 긴 시간이 필요했다. 바로 여기에 과학자들이 넘어서야 할 산이 있었다. 그 산은 바로 《창세기》였다. 《창세기》에는 이스라엘 모든 조상의 연대기가 들어 있었고, 구약성서에 담긴 다른 정보들까지 합해 계산하면 창조 이후 지금까지의 시간 길이를 정확하게 계산할 수 있었다. 그 시간의 길이를 가장 먼저 계산한 사람이 어셔 주교다. 1650년경, 그가 계산한 바에 의하면 세상이 창조된 것은 그로부터 6,000년 전인 기원전 4004년 10월 23일이었다. 그러나 6,000년은 다윈이 말하는 그런 변화가 일어나기에 충분치 않은 시간임이 분명했다.

다윈이 찾은 해답은 찰스 라이엘에게로 눈을 돌리는 것이었다. 대학에서 다윈은 대지진이나 대홍수만이 지질학적 풍경을 급격하게 바꿔놓을 수 있다고 배웠다. 그러나 라이엘은 지구는 그보다 훨씬 느린 속도로 변화하고 있다고 주장했다. 산은 솟아오르고, 협곡은 패이고, 빙하는 깎인다. 그리고 모든 급격한 변화는 마치 유유히 흐르는 강물처럼 매일매일 일어나는 작은 변화에 의해 이루어진다는 것이다. 이 모든 변화에 필요한 것은 오로지 시간뿐이다. 그저 흐르기만 할 뿐인 물이 땅바닥을 침식해 깊은 협곡과 산골짜기를 만든다. 그것이 수천 년, 수백만 년 쌓여서 지각의 모습이 변하는 것이다. 라이엘이 내릴 수 있는 결론은 단 하나였다. 지각의 형태를 변화시키는 지질학적 과정은 믿을 수 없을 정도로 강력하지만 또한 끔찍하게 느리다는 것이다. 지구의 나이는 어서 주교가 상상했던 것보다 수백만, 수천만 년은 더 많다는 결론이 내려졌다.

다윈은 지구의 나이가 억겁이라는 라이엘의 생각이 자연의 역사에도 똑같이 적용될 수 있다고 믿었다. 만약 지질학적 과정이 수백만 년에 걸쳐서 이루어질 수 있다면, 종의 변화 역시 그와 똑같은 시간의 척도로 이야기하지 못할 이유가 무엇이겠는가? 종의 변이가 수백만 년의 세월을 두고 이루어졌던 것이라면, 다윈은 훨씬 더 큰 폭의 변화를 상상할 수도 있고 그 변화들이 어떻게 이루어졌는지도 설명할 수 있는 것이다. 다윈 역시 한 종의 다리가 점점 길어지는 것과 같은 작은 변화를 가지고 씨름하고 있었다. 그러나 아주 단순한 단세포동물이 개나 인간같이 복잡한 다세포동물로 진화해가는 과정이라면 어떨까?

라이엘과 같은 관점에서 수천 년이 아닌 수백만 년의 길이로 생각을 전환하자, 다윈은 개, 이제는 멸종해버린 거대한 매머드, 넓적코 원숭이, 흰수염고래, 박쥐, 인간 등이 모두 아주 먼 과거, 지구 생명의 역사를 멀리 거슬러 올라 단 하나의 조상으로부터 갈라져 나왔다고 상상하는 게 훨씬 쉬워졌다는 것을 발견했다. 백만 년의 세월이라면, 그동안 수많은 일이 일어날 수 있었다. 모든 포유류가 갈라져 나온 단 하나의 조상이 2억 2,000만 년 전에 살았다는 것이 당시의 최신 연구결과였다. 태반을 가진 최초의 포유류, 즉 임신을 해서 태중에 태아를 길러 새끼를 낳는 포유류가 나타난 것은 겨우 100만 년 전이었다. 최초의 포유류―인간과 개의 공통 조상―가 알을 낳았다는 그 이전의 주장은 아연실색할 소리였지만 다윈에게는 기쁘기 그지없는 이야기였다.

라이엘의 억겁의 시간 개념을 받아들였지만, 다윈의 이론에는 아직도 변화를 주도하는 추진력, 즉 각 개체의 변이를 포괄해 그 개체들이 속한 종 전체로 확산시켜가는 힘이 무엇인지가 빠져 있었다.

이 메커니즘을 밝혀내기 위해 고민하던 중 그는 한 권의 책을 집어 들었다. 그리고 그 책은 그에게 남겨진 마지막 한 조각의 퍼즐을 찾아주었다. 1838년 9월의 일이었다.

토머스 맬서스 목사의 저서 《인구론(*An Essay on the Principle of Population*)》을 읽을 때의 다윈은 유행을 선도하는 사람들 축에 끼지 못했다. 오히려 당시 유행하는 여론보다 한참 뒤쳐져 있었다. 《인구론》은 1798년에 처음 출판돼 이미 6쇄본이 유통되고 있었기 때문이다. 맬서스는 서리 주의 한 시골에서 목사보로 일할 때 《인구론》을 썼고, 그 책은 곧 정치경제의 역사에서 가장 영향력이 큰 텍스트로 자리 잡았다. 엄격한 성격을 가진 빅토리아 시대 사람이었던 맬서스는 《인구론》을 통해 구빈정책이 성공할 수 없는 이유뿐만 아니라 장기적으로는 가난한 아일랜드 사람들은 굶어죽도록 두는 편이 더 낫다는 주장을 펼쳤다.

《인구론》은 인류를 괴롭혀온 전쟁, 기아, 가격 폭등, 경제 불황 등을 살펴보면서 어떤 변수와 환경, 차이가 있다고 해도 두 가지는 변하지 않는다는 사실을 지적했다. 식량 공급(그는 이것을 '생존의 수단'이라고 불렀다)은 산술급수적으로 증가하는 반면, 인구는 기하급수적으로 증가한다는 것이 그의 주장이었다. 한 부부가 다섯 아이를 낳고, 그 다섯 아이가 다시 다섯 아이를 낳고, 그 손자들이 또 각각 다섯 아이를 낳으면 한 쌍의 부부에서 125명의 후손이 태어난다는 계산이 나온다.

따라서 인구는 식량 공급보다 훨씬 빠른 속도로 증가한다. 하지만 인구가 식량 공급보다 빠른 속도로 증가하는 순간 억제장치가 개입하게 된다고 맬서스는 말했다. 전염병, 전쟁, 기근, 기아 등이 이 '억제장치'에 해당한다. 새로운 세대에 속하는 아이들이 죽으면, 충분한 식량이 남는다. 맬서스에게는 이 문제도 단순한 수학적 패턴의 문제에 지나지 않았다.

맬서스의 책을 읽는 동안 다윈의 생각은 이 억제장치에 집중됐다. 다윈에게 있어 자연세계는 먹을 것과 안전, 번식의 수단을 두고 믿을 수 없이 치열한 경쟁이 판치는 곳이었다. 다윈은 생존 가능한 수준보다 훨씬 많은 수의 개체가 태어나고, 그들이 각각 기본적인 생존을 위해 경쟁한다는 맬서스의 개념을 받아들였다. 그는 자연세계에서 겪은 자신의 경험을 떠올렸다. 봄날 연못에서 볼 수 있는 엄청나게 많은 개구리 알, 수없이 많이 태어나는 농장의 고양이 새끼들……. 이들이 한꺼번에 우글거리는 모습이 다윈의 뇌리에서 떠나지 않았다.

라이엘은 그전까지 생각했던 것보다 지구는 훨씬 더 나이가 많으며 지질학적 과정은 훨씬 더 천천히 이루어진다고 주장했다. 다윈은 여기서부터 생물 종의 변화가 일어나는 수천만 년이라는 시간의 길이를 구상하기 시작했다. 한편, 맬서스는 생물 종, 이를테면 토끼 같은 종들이 얼마나 빨리 번식하는지를 설명했다. 맬서스의 주장은 자연 속에서 증가하는 번식력에 대한 다윈의 생각에 영감을 주었다. 살아남는 유기체는 소수인 데 비해 자연에서 태어나는 알, 씨앗, 올챙이, 새끼는 수없이 많았다. 라이엘과 맬서스는 다윈이 그동안 수집한 자료들을 정리하고 하나의 이론으로 정립하는 연금술을 펼치는 데 없어서는 안 될 도움을 주었다.

드디어 다윈의 이론이 어느 정도 가시적인 틀을 가지고 정리됐다. 자연선택에 의해 선대보다 개량된 후대에 관한 이론이었다. 다른 개체보다 긴 다리를 가지고 태어난 늑대는 더 빨리 달릴 수 있었다. 그 결과 다리가 긴 늑대는 다른 늑대들보다 더 쉽게 먹잇감을 사냥했다. 자연선택이란, 긴 다리를 가진 늑대가 짧은 다리를 가진 경쟁자에 비해 살아남을 확률이 더 높다는 것을 의미한다. 따라서 다리가 긴 늑대는 더 많은 새끼를 낳을 수 있었다. 결과적으로 같은 세대의 다른 개체들보다 더 많은 새끼를 낳아 생존시키면서 자신의 길고 빠른 다리를 물려줬다. 이 늑대 새끼들은 더 빨리 달리고 먹이도 잘 잡았다. 다리가 긴 늑대의 개체수는 전체 늑대의 수가 증가하는 속도보다 빠른 속도로 증가했다. 이들 사이에서 개량된 것은 길어진 다리였고, 나머지는 자연선택이 알아서 처리해주었다.

이제 다윈에게 남겨진 가장 큰 문제들 중 하나는 더 유리한 특징, 이를테면 사냥개의 긴 다리가 어떻게 후손에게 전달되는지 정확하

늑대(Canis lupus)

게 설명하는 것이었다. 변이의 이론이 실제로 유효하기 위해서는 동물이든 짐승이든 한 개체가 가진 약간의 유리함을 후손에게 그대로 물려줄 방법이 있어야 했다. 그리고 이런 변이가 축적돼 생물 종에 약간의 변화를 가져옴으로써 피리새들을 분류했던 굴드 같은 외부 관찰자들이 알아볼 수 있을 만큼의 큰 차이가 생기는 것이었다.

문제는, 노련한 분류학자들은 언제든, 어떻게 해서든 '종'을 구분한다는 것이었다. 실제로 종은 새로운 종, 또는 더 나은 종으로 발전할 때 눈에 띌 만큼 확연한 차이를 보였다. 다리가 더 길다든가 시각이 더 발달했다든가 하는 뚜렷한 차이가 있었다. 종은 야생에서 구별이 가능한 실체였다. 모호한 점증적 변화 속에서 긴가민가한 상태로 존재하지 않았다.

이것이 다윈의 이론에서 가장 해결되지 않는 난제였다. 다윈은 유전자에 대해서는 알지 못했다. 그가 교육받던 시절의 유전학이란, 개는 태어나기 전에 이미 어미의 자궁 속에서 형태가 만들어지고, 그 새끼의 배 속에도 또 다른 새끼가 이미 만들어진 채로 태어나는 것이라고 가르치는 수준이었다.

다윈은 이러한 전성설(前成說)을 믿지 않았다. 하지만 무엇으로 그 전성설을 대체하느냐가 문제였다. 개체 수가 막대한 어떤 집단의 한 개체가 다른 개체들보다 다리가 약간 긴 행운을 가지고 태어났다면, 행운을 가진 개체가 정말로 다른 개체들과 번식을 하면서 빠른 속도로 그 이점을 집단 전체에 확산시키는 걸까? 20세기 초 유전학이 발달되기 전까지, 다윈 이론의 추종자들은 생명체에는 적응에 유리한 요소들을 '유지하는' 어떤 방법이 있다고 추정할 수밖에 없었다. 다만 자신들이 그 방법을 아직 발견하지 못했다고 생각했다.

그러나 그 와중에도 다윈은 더 급한, 연애 문제에 골몰하고 있었다. 5년이나 집을 떠나 있다가 완전한 성인이 돼 돌아온 지금, 그에게는 평생을 여유롭게 살 수 있는 재산이 있었다. 영국으로 돌아온 후에는 외가인 웨지우드 가문의 사람들과 더 많은 시간을 보냈는데, 특히 육촌 간인 엠마와 가깝게 지냈다.

엠마와 찰스는 동갑이었고, 성격이 전혀 다른 두 사촌 남매의 늦둥이 자녀들이었다. 엠마에게는 다윈의 마음을 끄는 무언가가 있었다. 엠마를 향한 다윈의 사랑은 헌신적이었다. 서로 헤어져 있을 때면 사랑에 대한 갈망으로 종종 괴로워하기도 했다. 훗날 그는 다른 사람에게 보내는 편지에 이렇게 적었다.

"도덕적인 면에서 보았을 때 모든 것이 나보다 훨씬 나은 엠마가 나의 청혼을 받아들였다는 사실을 믿을 수가 없어."

그 두 사람은 이미 한가족이었지만, 몇 가지 중요한 문제에 있어 서로 달랐다. 가장 중요한 사실은 찰스가 어머니의 사후, 유니테리언 교회의 영향에서 벗어났다는 것이었다. 하지만 엠마는 독실한 신자였고, 나중에는 사회적 지위를 공고히 하기 위해 영국 성공회에서 견진성사를 받았다.

따라서 엠마에게 청혼을 할 때 다윈의 마음은 두 갈래였다. 그는 흰 종이에 두 단짜리 표를 그려 자신의 양면성을 정리했다. 이제 다윈에 대해서는 어느 정도 알게 됐으니, 그가 목록에 적은 특이한 표현을 이해할 수 있을 것이고, 그 표현이 다윈처럼 개에 대해 극진한 애정을 가진 사람이 칭찬으로 사용할 수 있는 말이라는 것도 이해할 수 있을 것이다. 다윈에게 있어 그 표현은 절대로 모욕적인 것이 아니다. 다윈은 미래의 아내를 언급하면서, 그녀가 누릴 수 있는 이점을, "아무튼 개보다는 나을 것"이라는 다정스럽고 장난기 넘치는 말로 표현했다.

오만한 인간은 자신이 위대한 작품이며
신과 맞먹는 가치를 지니고 있다고 생각한다.
미천한 나는 그 인간도 동물로부터
창조됐다고 생각하는 것이
옳다고 믿는다.

03

기원

1842년 6월, 다윈은 펜을 내려놓고 쓰던 글을 멈추었다. 이론의 초고가 완성된 것이다. 급하게 작성하느라 엉성한 문장도 있었지만, 가필이나 삭제를 계속하며 35페이지까지 이어나갔다. 그는 힘이 넘치는 필치로 자신의 생각을 빠르게 써내려갔다.

"산과 들에 토끼가 더 많아져 육식동물이 더욱 번식할 거라고 예견한다면, 다리가 더 길고 시각이 더 예민하다면 …… 그레이하운드의 번식……."

그 후로 몇 년 동안 수십 번 초고를 고쳐 쓰고 스케치를 첨가해 200페이지로 분량이 늘어났다. 원고에는 진화가 실제로 일어났다는 그의 믿음이 분명히 드러나 있었다.

다윈은 라이엘에게서 힌트를 얻은 억겁이라는 시간 개념과 맬서스 목사의 책에서 읽은 자원과 인구증가로 인한 갈등을 초고에 인용했다. 포인터의 새끼들은 본능적으로 돌을 가리킨다는 것과 같은, 개 육종가들로부터 얻은 육종과 유전에 대한 정보도 인용했다. 그리고 축우 육종가들로부터 얻은 정보도 포함했다. 축우 육종가들은 우지를 얻을 목적으로 기르는 소와 고기를 얻을 목적으로 기르는 소를 각기 다른 방식으로 번식시킨다는 사실을 그에게 알려주었다. 이 모든 정보가 종합된 그의 초고는, 자연선택에 의해 개량된 후손이 태어난다는 거침없는 주장으로 읽혔다.

다윈이 집필을 중단한 데에는 여러 가지 이유가 있었다. 그는 천성적으로 늘 조심스러운 사람이었다. 런던의 과학계에서는 신참이었던 그는 자신이 존경하는 유명인사들, 이를테면 찰스 라이엘 같은 사람들에게 인정과 존중을 받고 싶었다. 항해를 통해 얻은 다양한 사례와 육종가들로부터 얻은 증거로 가득 찬 그의 새로운 이론은 보수적인 런던에서 혹평을 당할 가능성이 컸다. 자칫하면 고의로 문제를 일으키려고 작심한 것처럼 보일 수도 있었다. 1844년, 베스트셀러가 되면서 빅토리아 여왕까지 직접 읽었지만, 결국 '지저분한 책'이라는 오명을 쓰고 만 《창조사의 흔적(*Vestiges of the Natural History of Creation*)》이 등장한 후로는 더욱더 그랬다.

그러나 다윈이 가장 두려웠던 것은 아마도 엠마의 분노였을 것이다. 엠마는 결혼 직전 다정한 내용의 편지를 보내, 만약 다윈이 그리스도교 신앙을 멀리한다면 사후에 어떤 일을 겪게 될지 걱정스럽다고 말한 적이 있었다. 성서 속 창조론의 진실에 의문을 제기하는 이론을 내놓기에는 여러모로 적당하지 않은 시기였다.

다윈은 논쟁을 불러일으킬 것이 뻔한 이론을 출판하기보다는 가족과의 단란한 생활에 흠뻑 빠져 지내는 길을 택했다. 1839년이 끝나갈 무렵 윌리엄이 태어났고, 1841년 봄에는 애니가 태어났다. 다윈의 일상생활은 가정사에 점령됐다. 다윈 부부는 런던에서의 생활이 거의 끝나갈 무렵에야 런던을 좋아하기 시작했는데, 그건 아마도 영원히 정착할 생각이 없었기 때문일 것이다. 1840년, 한 편지에서 다윈은 이렇게 말했다.

"런던에서 조용히 지내보면, 이곳의 고요함은 다른 어디에서도 찾을 수 없다는 걸 알 수 있어. 자욱한 연무도 장관이고, 멀리서 희미하게 들려오는 승합마차와 역마차의 소리도 좋지. 사실 자네가 날 본다면, 내가 완전한 런던사람이 됐다고 느낄지도 몰라. 앞으로 여섯 달 동안 런던에 있게 된다고 생각하니 기쁘다네."

그러나 다윈은 진정으로 전원의 평화와 고요를 원했다. 1842년, 다윈 가족은 드디어 꿈에 그리던 전원주택을 마련했다. 새 집을 둘러본 그의 첫 소감은 그답게 식물에 대한 이야기로 시작됐다.

다운하우스에서의 다윈

"토양이 백악질인 지역에 걸맞은 다양한 식물이 마음에 들어."

다양한 식물과 함께 다운하우스가 약속하는 한적한 생활에 대한 기대감도 그를 들뜨게 했다. 다윈은 죽을 때까지 그 집을 떠나지 않았다.

그러나 다운하우스로 이사하기 전에 완성한 이론을 정식으로 출판하기까지는 무려 16년이라는 시간이 더 필요했다. 그 기간 동안 일곱 명의 아이가 태어났다. 16년 동안 아이들은 웃고, 말하고, 걷고, 읽기를 배웠고, 몸이 아플 땐 그의 서재에 있는 소파에 누워 건강을 회복했다. 보기와는 달리 놀기를 좋아하는 아버지였던 다윈에게 아이들은 때로는 위안이 되기도 하고 때로는 친구가 되기도 했다. 다윈은 자신의 자서전에 당시의 생활을 이렇게 표현했다.

"너희들이 어렸을 때, 너희들 모두와 함께 노는 것이 정말 좋았다. 그때가 다시는 돌아오지 않는다는 생각에 아쉬움의 한숨이 난다."

또한 그는 세 아이의 죽음도 지켜봐야 했다. 특히 애니는 모든 가족이 그녀의 생명을 구할 수 있으리라는 희망을 가지고 보낸 온천에서 공들여 쓴 편지를 매일 세 차례씩 엄마에게 부쳤다.

다윈은 그 기간 동안 연구도 게을리 하지 않았다. 처음에는 산호, 그 다음에는 아주 작고 특이한 수중생물인 조개삿갓을 연구했다. 현미경으로 섬세한 촉수를 들여다볼 때마다 다윈은 서랍 속에 꽁꽁 감춰둔 자신의 이론이 맞다는 것을 확신할 수 있었다. 그럼에도 불

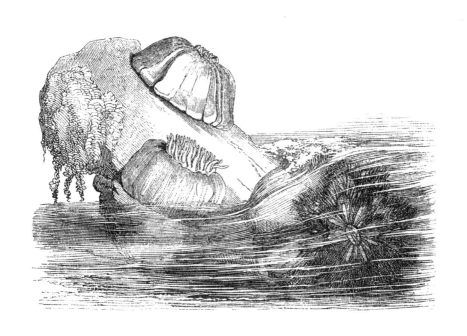

말미잘

구하고 그는 아프리카를 탐험하는 중이었던 프랜시스 골턴에게 겸손한 자세로 편지를 썼다.

"내 연구 대상은 아주 작은 물고기일세. 코뿔소나 사자 같은 동물이 익숙한 자네에게는 너무나 하찮게 보일 거야."

16년 동안 다윈은 과학계 인사들과의 인맥을 형성하고 동료들로부터 신임을 얻으면서 박물학자로서의 자신감을 회복했다. 그는 종종 원인을 알 수 없는 증상으로 다운하우스에 칩거할 때가 있었다. 심한 복통과 구역질로 고생했지만, 누구도 시원하게 그 원인을 밝혀내지 못했다. 그래도 그는 꾸준히 런던에서 열리는 과학계 모임에 참석했고, 서서히 명망 있는 인사들과 교분을 쌓아갔다.

다윈이 생물 변이의 의문에 대해 자신의 생각을 털어놓을 수 있을 정도로 가까운 친구가 된 박물학자는 소수에 불과했다. 1846년, 다윈은 비글호 항해에서 수집한 식물 표본을 분류해줄 사람이 필요했다. 그때 누군가가 큐 가든의 관장인 윌리엄 후커(William Hooker)의 아들, 조지프 후커(Joseph Hooker)를 추천했다. 후커는 금방 다윈과 가까운 사이로 발전했고, 나중에는 최측근 중의 한 사람이 됐다. 후커를 알게 된 지 몇 달 만에 다윈은 자신이 품고 있던 이단적인 생각을 털어놓았다. 다윈은 훗날 "마치 살인죄를 자백하는 기분이었다"라고 그때의 일을 회상했다. 후커는 다윈에게 친구를 제대로 골랐다는 확신을 심어줄 만큼 진보적인 생각이 가득한 편지로 화답

했다.

그럼에도 불구하고 다윈은 생물 변이론 연구로 돌아가지 않았다. 하지만 조개삿갓을 연구하는 내내 다윈은 언젠가는 '종의 연구'로 돌아갈 거라고 확신했다. 그가 걱정하는 것은 단지 그 모든 갈등과 번민에도 불구하고 결국에는 아무런 결론에도 도달하지 못할지도 모른다는 불안감이었다. 1854년, 후커에게 보낸 편지에 그는 이렇게 썼다.

"종에 대한 내 생각들을 다 모아놓았는데, 그 모든 것이 한순간에 속 빈 풍선처럼 펑 터져버린다면……."

*　　*　　*

아이들이 어릴 땐 아침 8시 이전에 혼자 식사를 하고, 곧바로 연구실로 나가는 것이 다윈의 일상이었다. 그는 바쁜 하루로 북적대기 전 이른 아침의 신선함을 즐겼다. 9시 반쯤에 잠시 휴식을 취할 겸 거실에서 그날 온 편지를 읽으며 차를 마시고, 10시 반에 다시 연구실로 돌아가 한낮까지 일을 하거나 연구에 몰두했다. 하루 일과가 끝나면 날씨가 좋은 날이든 궂은 날이든 정원을 산책했다. 집에서 기르는 개를 데리고 나가 점심식사 전까지 정원을 다섯 바퀴 정도 돌기도 했다.

여유로운 일상에 익숙해지자 다윈은 연구와 출판 준비에 몰두했다. 시간은 빠르게 흘렀다. 여덟 번의 여름과 겨울이 지나자 그는 자신이 붙들고 있던 연구 주제에 신물이 나 비명을 지르고 싶은 지경에 이르렀다.

"세상에 나보다 더 조개삿갓을 싫어하는 사람이 또 있을까! 굼뜬 선원들도 내 맘보다 더하지는 않을 거야."

그럼에도 불구하고, 조개삿갓에 대한 책이 출판되자 다윈은 노련하고 치밀한 생물학자로 인정받기에 이르렀다. 세밀한 발견을 다룬 그의 연구는 전 세계의 박물학자들을 감명시켰고, 영국 왕립학회는 그에게 금메달을 수여했다.

1854년, 조개삿갓 연구가 끝나자 그는 전보다 더 큰 열정과 자신감을 가지고 종에 관한 연구에 착수했다. 다윈은 다시 개를 주제로 연구에 몰두하기 시작했다. 그리고 종을 주제로 한 권위 있는 책을 쓰겠다는 계획을 세웠다. 그러나 언제나 그렇듯 매사에 철저했던 다윈은 그때까지 만들어둔 기록에만 의지해 책을 출판할 수는 없다고 생각했다. 자신의 이론을 다시 한 번 고찰하고, 가능한 모든 비판의 여지를 확인하고 또 확인했다.

그는 옥스퍼드 스트리트의 벨로부터 온 편지, 골턴으로부터 온 블러드하운드에 대한 자료 등 모든 정보를 처음부터 다시 꼼꼼히 살폈다. 벵골 아시아협회 박물관의 큐레이터인 에드워드 블라이스

(Edward Blyth), 캘커타 식물원의 관장이었던 휴 팔코너(Hugh Falconer) 같은 새로운 지인들과 원거리 편지를 주고받았다. 블라이스는 버려진 쓰레기를 뒤져 먹으며 사는 야생 잡종 동물인 인도의 들개를 자세히 관찰한 정보를 보내주었다. 팔코너는 티베트 마스티프에 대한 정보를 적어 보냈다. 야렐과도 여전히 서신을 주고받던 다윈은 비둘기를 길러보라는 그의 권유를 받아들였다.

개에 대한 다윈의 관심과 더불어 또 하나의 새로운 관심사가 그를 사로잡았다. 다윈은 해류의 흐름에 따른 씨앗의 이동 경로를 연구하고 싶었다. 덕분에 그의 서재 벽난로 선반 위는 싹이 튼 작은 식물들로 가득했다.

그는 특이한 동물 종의 해부학에도 관심을 가졌다. 그래서 야렐의 권유대로 비둘기를 기르기 시작했던 것이다. 그는 당시 학교에 다니느라 집을 떠나 있던 아들 윌리엄에게 비둘기장을 거의 다 지었다는 이야기와 함께 비둘기 한 쌍의 값이 20실링이나 된다며, 눈이 튀어나올 정도로 비싸다고 편지에 썼다.

다윈에게 비둘기는 실험용 표본과 애완동물 사이의 어중간한 존재였다. 다윈은 비둘기를 연구하기 위해 뼈를 갖고 싶었지만, 그 때문에 비둘기의 목숨을 빼앗을 수가 없었다. 결국 그의 사촌 윌리엄 폭스가 비둘기 잡는 일을 도맡아 처리해주었다. 폭스에게 수도 없이 써 보냈던 감사의 편지에서 그는 이렇게 말했다.

사냥개(Lycáon veniáticus)

"자네는 세상에서 가장 자비로운 비둘기 도살자일 거야. 맹세하건대, 새끼를 죽이는 것처럼 마음 아프고 내키지 않은 일을 대신 해줄 만큼 마음씨 좋은 사람은 자네 말고 또 없을 거라고 단언하네. 자네 말고 이런 일을 대신해줄 사람을 구할 수는 없을 거야(하지만 다윈은 고양이에 대해서는 상대적으로 덜 동정적이었다. 1841년 1월, 폭스에게 쓴 편지에는 이런 내용이 있었다. "잊지 말게. 자네가 기르는 반쪽짜리 아프리카 고양이가 죽으면, 내 기꺼이 작은 바구니를 보내겠네. 뼈를 얻을 수 있도록 그 바구니에 죽은 고양이를 담아 보내게")."

다운하우스는 점점 실험실이 되어갔다. 또한 전 세계에서 모은 정보들을 선별하고 분류하는 작업장이기도 했다. 블라이스가 인도에서 보낸 장문의 편지에는 토끼, 비둘기, 자칼 등 현지에서 볼 수 있는 길든 짐승들에 대한 정보가 자세히 담겨 있었다. 후커와 주고받은 편지에서는 책을 정말로 출판할 생각이라면 꼭 짚고 넘어가야 할 어려운 문제들을 묻곤 했다.

하지만 두 사람 모두 생물의 종과 변종 사이의 구분에 대해 만족할 만한 결과에 이르지 못하고 있었다. 여기에는 근본적인 어려움(사실 이 주제에 대해서는 지금도 의견이 분분하다)이 있었다. 지금은 종과 변종의 개념이 유동적이라는 것이 알려져 있고, 그 둘 사이의 구분은 어느 정도 과학자 개개인의 생각에 따라 결정되는 문제다.

다윈과 후커는 박물학자들 중 몇몇은 그들이 '병합파 분류학자'

라고 부르는 범주에 속한다는 것을 깨달았다. 병합파 분류학자란, 종을 가능한 한 넓게 정의해서 다양한 변종까지 하나의 종에 포함시키는 사람들을 말한다. 병합파와 반대되는 쪽은 '세분파 분류학자'로, 서로 특징이 다른 개체마다 완전히 다른 종으로 취급하는 사람들을 말한다. 후커는 자신이 병합파에 속한다고 생각했다. 그는 멀리 떨어진 변경의 식민지에서 큐 가든으로 '새로운 종'을 보내준 식물학자들을 병합파로 분류하면서, 동료인 조지 벤섬(George Bentham)에게 퉁명스럽게 말했다.

"이 사람은 나만큼이나 대단한 병합파야. 아니, 나보다 더해!"

답이 없는 어려운 문제들이 있었음에도 불구하고 다윈은 천천히, 그러나 확고하게 자신의 책을 써나갔다. 지금까지 쌓아온 이론에 대한 모든 설명을 완성했지만, 그래도 아직 출판 준비가 미흡했다. 그는 서로 다른 견종의 교배나 바다 건너 머나먼 섬나라에서 자라는 식물 종에 대한 정보를 충분히 수집했다는 자신감을 갖지 못한 채 번민했다.

그가 꿈꾸었던 평화롭고 탐구적인 출판은 이루어질 수 없었다. 처음으로 잡음이 일기 시작한 것은 1856년이었다. 찰스 라이엘은 《자연사 연보(Annals and Magazine of Natural History)》에 실린 한 편의 논문을 읽은 뒤 큰 우려를 나타냈다. 《자연사 연보》는 경력이 출중한 박물학자들이 논문을 기고하는 전문지로, 조지프 후커의 아버지이자 저명한 인사인 윌리엄 후커가 편집을 맡고 있었다. 그해에 영국과 아일랜드의 과학계에서 일어난 여러 가지 일들에 대한 짤막한 요약은 물론 자연사에 대한 모든 논문을 읽을 수 있는 잡지였다.

라이엘은 앨프리드 러셀 월리스(Alfred Russel Wallace)라는 젊은 수집가의 글을 읽고 깜짝 놀랐다. 말레이 군도에 머물고 있던 월리스는 "모든 종은 만들어진 것이다"라고 주장했다. 그의 주장을 자세히 살펴보면, 다윈이 비밀스럽게 털어놓은 이론과 위험할 정도로 유사했다. 라이엘은 다윈에게 어서 서둘러 다른 사람이 먼저 책을 내기 전에 출판을 하라고 재촉했다. 그때가 1856년이었다. 그러나 다윈은 자신만의 속도를 유지하며 연구를 계속해나갔다. 라이엘의 경고는 쇠귀에 경 읽기였다.

1858년 6월 18일, 모든 과학자를 깜짝 놀라게 만든 소식이 다윈에게도 전달됐다. 앨프리드 러셀 월리스가 먼저 고지에 도달했던 것이다. 1년 남짓의 기간 동안 다윈은 월리스와 서신을 주고받았다. 월리스는 다윈을 도와준 많은 전문가 중 한 사람이었고, 다윈이 원하는 '별스러운' 가금류의 살갗을 구해서 다운하우스까지 우편으로 보내주기도 했다. 다윈과 월리스는 각각 영국과 극동지역에 거주했기 때문에 그들 사이에 오가는 편지는 몇 달씩이나 걸려 목적지에 도착했다. 그러나 그 먼 거리에도 불구하고 두 사람은 시간이라는 거대한 주제에 대해 서로 '생각이 많이 비슷하다'는 것을 깨달았다.

월리스는 자신의 독특한 생각을 공유할 수 있는 동료, 그것도 다윈처럼 명망을 갖춘 사람과 인연이 닿게 된 것을 기뻐했다.

월리스는 다윈에게 보낼 목적으로 자신의 이론을 더 길고 자세히 써나가기 시작했다. 하지만 그와 똑같은 시기에 다윈은 수천 킬로미터나 떨어진 곳에 있는 월리스가 자신과 놀라울 정도로 비슷한 생각을 가지고 연구를 거듭하고 있다는 사실도 모른 채 자신의 연구에만 매진하고 있었다. 1858년 초, 다윈은 총 25만 단어—14장—로 쓴 '대작'을 서재에 쌓아놓았다. 그리고 6월에 월리스로부터 한 통의 편지를 받았다. 편지 내용은 다윈에게 커다란 충격을 안겨주었다. 아시아에서 자료를 보내주던 친구가 자신보다 먼저 고지를 점령한 것이다. 4,000단어로 축약한 요약 원고는 다윈의 진화론과 완전히 똑같았다.

다윈은 즉시 라이엘에게 편지를 썼다. 다른 사람이 먼저 책을 내놓기 전에 출판해야 한다고 다그치던 라이엘의 말이 옳았던 것이다. 월리스는 그저 고지를 먼저 점령하기만 한 것이 아니었다. 다윈은 편지에서 월리스가 사용한 용어까지 자신과 똑같다고 고백했다.

"월리스가 1842년에 쓴 내 초고를 본 적이 있다고 해도 이보다 더 완벽한 요약 원고를 만들지는 못했을 겁니다."

다윈은 고민에 빠졌다. 이제와 자신의 책을 출판한다고 한들, 정당한 대접을 받을 수 없으리라고 생각했다. 멀리 극동지역에 있는

앨프리드 러셀 월리스

한 젊은이의 성과를 훔치는 것이나 마찬가지기 때문이었다.

"지금 출판하는 것이 비열하고 지질한 짓인지 아닌지 자신이 없습니다. …… 누군가에게 비난을 받으니 차라리 내 원고를 몽땅 태워버리고 싶어요."

그때 다윈에게 앞으로 나갈 수 있는 길을 찾아준 사람은 라이엘이었다. 다윈과 월리스가 공동으로 출판을 할 수 있게 방향을 모색한 것이다. 이 역사적 결정을 위한 린네학회의 모임이 1858년 7월로 잡혔다.

그러나 이 중요한 모임에 다윈은 나가지 못했다. 6월 28일, 다윈과 엠마의 막내, 찰스가 성홍열로 세상을 뜨고 만 것이다. 다윈은 논문에 관심을 둘 여유가 없었다. 가족 모두가 크나큰 슬픔에 잠겼고, 부부는 나머지 아이들에 대한 걱정으로 안절부절못했다. 가정사에 몰두해 다른 데 신경 쓸 여유가 없었던 다윈은 올바른 판단을 내릴 수 없었다.

다윈은 모든 걸 잠시 내려놓고 요양과 휴식을 위해 와이트 섬으로 휴가를 떠났다. 그리고 돌아오자마자 곧바로 일반 대중을 대상으로 한 요약된 내용의 책을 출판하기 위한 준비에 들어갔다. 다윈은 종의 문제에 대해 자신이 기록한 모든 내용을 짧게 요약했다. 이 책이 바로 그를 유명하게 만든 《자연선택에 의한 종의 기원에 관하여(On the Origin of Species by Means of Natural Selection)》였다.

다윈의 의도는 '자연선택'이라는 메커니즘을 설명하는 것이었다. 이 책은 어떻게 변이가 일어났는지와 변이가 일어나고 있는 개체들 사이의 투쟁, 변이의 폭이 점점 커지면 어떻게 새로운 종이 형성되는지 등을 다루었다. 또한 화석 증거의 부족, 눈과 같은 복잡한 조직의 진화과정같이 이 이론에 대해 일어날 수 있는 많은 반대론에 대해서도 정면으로 맞섰다.

다윈은 자신의 이론을 완성하기 위한 방법으로 오랜 세월 연구했던 길든 동물과 식물에서 나타나는 변이에 대한 장을 책의 처음에 놓았다. 그는 왜 야생에서 관찰되는 종보다 인간이 길들인 종에서 더 많은 변이가 발견되는지에 대한 단도직입적인 질문으로 첫 장의 첫 문장을 시작했다.

다윈은 책에서 개에 대해서 생각해보라고 말했다. 오늘날에도, 그리고 전문가들조차 개는 크기나 생김새에 있어 지구상에 존재해온 어떤 척추동물보다 더 많은 변종을 가지고 있다고 이야기한다. 다윈은 그 이유를 설명하고자 했다. 길든 상태에서는 생물의 조직 전체가 '소성(塑性)'을 갖게 된다고 그는 생각했다. 동물을 길들인다는 것은 야생의 조상에게 감추어져 있던 모든 변이의 가능성, 선택이 이루어질 수 있도록 변이성을 드러내고 밖으로 끌어내는 과정이라고 다윈은 믿었다.

다윈은 이 모든 현상이 어디에서부터 시작된 것일까, 하고 물었다. 그는 야생의 조상들로부터 길든 개가 태어났고, 각각의 조상은 혈통의 혼혈에 어떠한 역할을 했을 것이라고 생각했다. 그러나 갯과 동물의 유래에 대한 진실이 무엇이든, 육종가들에게 가장 중요한 문제는 특정 동물에게서 그들이 원하는 바람직한 형질을 어떻게 하면 더 많이 얻어내느냐 하는 것이었다. 다윈의 관심은 그러한 선별과 선택의 과정이 어떻게 이루어지는가였다. "여러 견종을 비교해보면, 각 견종마다 서로 다른 측면에서 인간에게 유익한 면을 가지고 있다. 이 모든 견종이 어느 날 갑자기 지금 우리가 보는 것처럼 완벽하고 유용한 형태로 완성됐다고 볼 수는 없다"라고 다윈은 말했다.

그 열쇠는 누적된 선택을 해온 '사람의 힘'이라고 다윈은 주장했다. 자연은 연속적인 변이를 일으키고, 사람은 그것을 자신에게 유리한 방향으로 축적했다. 그것은 다윈이 어린 시절부터 반복해서 관찰해온 과정 그대로였다. 다윈은 자신의 독자들이 실용적인 경험이 풍부한 사람들의 지혜를 차분하게 받아들기를 기대했다. 그들은 다윈이 논의하고자 하는 일들을 직업으로 삼고 있었고, 이제 자신이 '인공 선택'이라고 이름 지은 육종가들의 일과 '자연선택'이라고 이름 붙인 어마어마하게 창조적인 힘이 한 일을 비교하려는 순간이었기 때문이다. 다윈이 보기에 농장에서 소나 말 육종가가 실행한 선택과 자연에 의해 실행된 선택 사이에는 중요한 한 가지 차이가 있었다.

> 자연선택은 …… 언제나 행동할 준비가 돼 있다. 자연의 작품이
> 인간의 예술작품과는 비교할 수 없을 만큼 위대하듯이, 자연선택
> 의 힘은 인간의 미약한 힘과는 비교할 수 없을 정도로 막강하다.

　다윈은 자신의 이론에 필요한 모든 부분을 함께 묶었다. 식물과
동물은 변화한다. 번식을 할 수 있을 때까지 살아남는 숫자보다 훨
씬 많은 개체가 태어난다. 각 개체는 서로가 조금씩 다르다. 이렇게
경쟁이 치열한 환경에서는 아주 작은 장점도 개체의 생존이나 더
많은 후손의 번식에 결정적인 도움을 줄 수 있다. 장점을 가진 개체
들은 다른 개체들보다 더 많은 자손을 번식하면서 그들에게 행운의
유산까지 물려준다. 이 행운의 유산은 집단 전체에 서서히 퍼져나
간다.

　지질학적 시간이라는 긴 과정을 거치면서 아주 단순한 원시적
생명체가 더욱 복잡한 생명체로 발전하고, 눈이 생겨 앞을 보기 시
작하고, 사지가 생겨 헤엄을 치기 시작하고, 폐가 발달해 대기 속으
로 삶의 터를 옮긴다. 조금씩 조금씩, 한 걸음씩 한 걸음씩 종은 진
화한다고 다윈은 주장했다.

　최근의 과학서적을 보면 아무리 일반적인 대중을 위한 책이라도

여러 가지 통계자료나 그림, 도표 등으로 정보의 신뢰도를 뒷받침한다. 《종의 기원》에서 가장 눈에 띄는 것은 이 책에는 그런 자료가 없다는 점이다. 일반 독자들을 대상으로 한 책이라 그런 게 아닐까 하는 추측을 하게 된다. 하지만 《종의 기원》은 수준 높은 교육을 받은 엘리트들을 대상으로 쓴 책이었다. 그렇다면 다윈은 어떤 방법으로 자신의 난해한 이론을 설명했을까?

한 가지 예를 들어보자. 길든 동물의 변이를 다룬 장에서 다윈은 모든 종류의 길든 동물과 야생 상태에 있는 그들의 친척에 대해 설명했다. 다윈은 말속(屬)에 속하는 여러 동물, 즉 보통의 당나귀를 비롯해 콰가얼룩말, 인도산 캐티워, 얼룩말 등에 특히 큰 관심을 보였다. 그는 먼저 말 중에서 줄무늬가 있는 개체를 분류했다. 같은 혈통 간의 유사성을 찾기 위해서였다.

말에 관해 말하자면, 나는 영국의 말 중에서 색을 불문하고 척추를 따라 줄무늬가 있는 혈통을 먼저 수집했다. …… 내 아들은 그 말들을 자세히 살펴보고, 어깨에 두 줄의 줄무늬와 다리에도 줄무늬가 있는 황갈색의 벨기에산 짐마차 말의 스케치를 그려주었다. 또 내가 절대적으로 신뢰하는 한 지인은 양쪽 어깨에 세 줄의 평행 줄무늬가 있는 작은 암갈색의 웨일스산 조랑말에 관한 자료를 보내주었다.

청중을 대상으로 하는 강사도 마찬가지겠지만, 과학자도 이런 주장을 펼칠 때에는 독자들을 확실히 설득하려고 노력한다. 다윈은 린네학회의 동료들을 설득하고 싶었지만, '지저분한 책'인《창조사의 흔적》을 읽은 지적인 일반 독자들의 지지도 얻고 싶었다. 다윈은 이를 위해 표와 통계자료 대신 사례를 열거했다.

《종의 기원》을 읽다 보면, 이 책은 마치 물건을 올려놓을 수 있는 공간마다 빼곡히 잡동사니들을 채운 빅토리아 시대의 저택 같다고 느껴질지도 모른다. 이 책을 처음 읽은 수많은 독자의 첫인상은 꾸민 것이 너무 많은 빅토리아 시대의 인테리어처럼 장식이 과도하다는 것이었다.

그러나 이러한 부분이 우리가 다윈이 제시하는 이론의 핵심을 파악하는 데 방해가 되는 단점이라고 본다면, 이 모든 사례가 실은 다윈의 주장을 완성하는 피륙의 씨실과 날실이 된다는 점을 놓치게 된다. 다윈이 제시한 사례들은 한 지역에 국한하지 않고 전 세계에서 수집한 증거다. 그는 모든 종류의 말의 줄무늬를 연구했다. 이 작은 사례에서도 우리는 이 책의 집필을 위한 자료 조사가 연구 단계에서부터 국경을 불문하고 폭넓게 이루어졌다는 사실을 알 수 있다.

다윈은 지구 곳곳에서 증거를 수집했을 뿐만 아니라, 장구한 시간대에 걸친 자료들을 모았다는 점을 시사했다. 그는 사실에 대한 자신의 탐구욕을 강조했다. 말의 사례에서도 "색깔을 불문하고 척추를 따라 줄무늬가 있는 말의 사례를 수집하기 위해 멀리 떨어져 있는 지역의 말도 관찰했다"라고 밝히며 책의 문장 하나하나가 그와 유사하게 수집된 사례에 근거하고 있음을 밝혔다.

마지막으로 그는 자신에게 자료를 보내준 사람들의 전문성을 강조했다. 그에게 편지와 표본을 보내준 사람들의 네트워크는 어마어마했다. 하지만 독자들에게도 자신의 인적 네트워크가 믿을 만한 것임을 설득시키는 것이 중요했다. '무조건적으로 신뢰할 수 있는 사람'이라는 그의 말은 자신이 수집한 증거가 견고한 반석 위에서 놓여 있음을 강변하는 것이었다.

다윈은 단 하나의 간단한 문장으로 이 세 가지 문제에 대한 자신의 의사를 표현할 수 있었다.

"나를 믿어주시오. 나는 내가 하고 있는 말이 무슨 뜻인지 잘 알고 있소."

최근의 과학자들은 표와 도표, 통계와 다이어그램으로 무장한 채 독자들의 신뢰를 기대한다. 다윈은 세계를 깜짝 놀라게 만들 책을 준비하면서 현대의 어떤 과학자 못지않게, 어쩌면 그보다 훨씬 더 많이 조사하고 연구했다. 그러나 오늘날에도 일반적인 독자들은 과학자의 연구결과에 무조건적인 신뢰를 강요당한다. 다윈은 책의 서문에서 독자들에게 그와 비슷한 동의를 구하고 있다.

나의 주장 몇 가지에 대해서는 이 책에서 그 근거와 정당성을 제시할 수 없다. 또한 나로서는 독자들이 나의 이론에 신뢰를 가질 거라고 믿는 수밖에 없다. 실수가 없을 수는 없겠지만, 그럼에도 불구하고 확실하다고 믿을 만한 근거를 마련하기 위해 항상 주의를 기울여왔다고 말하고 싶다.

그러나 정확히 말해 다윈은 과학자가 아니었다. 역사학자들은 종종 다윈을 설명하는 데 있어 '박물학자'라는 표현을 쓴다. 19세기에 대학에서 교수로 활동하고, 통계와 표를 활용한 책을 출판했던 전문가들과 그를 구분하기 위한 것이었다. 이런 정황을 알고 나면 다윈이 끊임없이 사례를 열거한 이유를 이해할 수 있다. 그는 사실만으로 채워진 문장을 이용해 자신의 논점을 강조했다. 빅토리아 시대의 아마추어가 할 수 있는 최선의 방법이었다.

다윈의 저술방식에서 주목해야 할 부분이 또 있다. 이미 언급한 대로, 그는 인공선택으로부터 출발했다. 책의 후반부에서 그가 사용한 '자연선택'이라는 용어의 의미를 정확히 전달하기 위해 다른 육종가들의 생각을 유추의 발판으로 삼고자 했기 때문이다. 결국 그러한 출발은 선택이라는 개념을 낯설지 않은 것으로 만들어주었다. 어느 집에나 있는 것처럼, 선택이라는 개념을 난롯가 카펫 위로 끌어다가 불가에 웅크리고 앉게 만들었다.

얼룩말(A'sinus Zebra)

따라서 《종의 기원》 도입 부분에 등장하는 개, 비둘기, 그리고 소의 이야기는 그저 우연히, 어쩌다가 나타난 것이 아니다. 개는 오랜 세월 육종가들의 경험을 바탕으로 한 증거였고, 다윈은 그 증거 위에 자신의 이론을 세워나갔다. 개에 대한 사례들은 독자들로 하여금 낯익은 것과 책의 주제를 연관시키게 함으로써 거부감 없이 다윈의 이론을 받아들이게 만들었다. 그리고 다윈의 새로운 이론을 모든 영국인을 위협하는 무신론적인 이단적 잡설이 아니라 편안하게 주고받을 수 있는 집안 이야기 같은 느낌이 들게 만들었다.

《종의 기원》은 종종 읽기 어려운 책이라는 평을 듣는다. 독자들은 이 책을 읽으면서 '사실들을 으깨고 짓이겨서 뭉쳐놓은' 책이라고 했던 헉슬리의 말을 늘 떠올리게 된다. 그러나 이 책은 아름다운 심상으로 가득하다. 다윈은 자연선택을 설명할 때 독자들에게 한 마리의 늑대에게 마음을 집중해보라고 권유한다.

다윈은 "이 늑대는 때로는 먹잇감보다 더 계략이 뛰어나서, 때로는 더 강해서, 때로는 더 빨라서 사냥에 성공한다"라고 말했다. 그는 '먹잇감을 찾기가 가장 어려운 계절'을 상상해보자고 제안했다. 독자들은 이제 먹잇감이 나타나기를 기다리는 춥고 배고픈 늑대를 상상하게 된다.

"그러한 상황에서, 가장 빠르고 날씬한 늑대가 살아남을 확률이 높으리라는 데에는 아무런 의심의 여지가 없다. …… 사람이 그레이하운드를 신중하게, 조직적으로 선택해서 번식시킴으로써 점점 더 빨리 달리는 개를 키울 수 있다는 사실만큼이나 의심의 여지가 없다."

자연선택은 매우 작은 규모로, 세계의 곳곳에서 일어나고 있는 모든 변이의 과정을 통해 매일, 매시간 일어나고 있다. 나쁜 요소 는 퇴출하고, 좋은 요소는 보존하고 축적한다. 이는 침묵을 지키 면서도 쉬지 않고 기회가 있는 모든 곳에서 언제나 작용한다.

육종가들이 더 멀리 보고 더 빨리 달리는 사냥개로 계속해서 품 종을 개량하듯이, 자연 역시 마찬가지다.

《종의 기원》을 쓰는 동안 내내 원인 모를 통증에 시달렸던 다윈 은, 이 같은 현상이 혹시 자기가 쓰고 있는 내용의 종교적 측면 때 문은 아닐까 하는 불안감에 시달렸다. 그의 추측이 옳든 틀리든, 종 교적 의미는 독자들의 반응에 매우 중요한 자리를 차지했다. 책을 출판하는 데 있어 다윈이 달성해야 할 가장 중요한 임무는 그의 이 론과 주장의 근거, 그리고 독자들 중 일부가 가지고 있는 강한 종교 적 믿음 사이에서의 외줄타기에 성공해야 한다는 것이었다. 《종의 기원》의 몇 가지 논점에서 다윈은 성서가 말하는 정통적 창조론을 믿는 사람들에게 자신의 이론이 의미하는 바를 설명하기 위해 정면으로 맞서는 방법을 선택했다.

창조론을 신봉하는 독자들의 해석을 자신의 관점과 나란히 병렬로 나열해 설명하는 그의 설득방법은 매우 온화하지만 대단히 완고했다. 예를 들어, 창조론을 믿는 사람이라면 말속의 각 종들이 각각의 특정한 상황에서도 똑같은 방법으로 줄무늬를 만들어내는 경향을 가지고 창조된 것임을 믿어야 한다고 말했다. 즉, 신은 한 과(科)에 속하는 여러 종 사이의 유사성에 대한 힌트를 갖고 있도록 세상을 창조했다고 믿어야 한다는 뜻이다. 그 힌트가 속임수라 해도 말이다.

다윈은 아무리 신을 믿는 사람이라고 해도 이러한 맹목적 믿음을 갖는 것은 옳지 못하다고 믿었다.

"이러한 관점을 갖는다는 것은 비현실적인 것, 또는 적어도 불명확한 명분의 편에 서서 현실을 거부하는 것과 마찬가지다."

이 책에서 제시하고 있는 수많은 증거에도 불구하고 종의 창조론을 믿는다는 것은 신이 인간을 속이려 했다는 사실을 인정하는 것과 같으니, 이는 오히려 신에게 해를 끼치는 것이라고 다윈은 분명하게 주장했다. 신이 인간을 기만할 리 없다는 믿음이 반박의 요지였다.

그렇다면 창조론을 믿는 종교인들은 자연에서 발견한 유사성에 대해 어떤 생각을 가지고 있었을까? 리처드 오언같이 지극히 종교적인 박물학자조차도 여러 종을 직접 해부해본 결과, 그들 사이에 유사성이 있다는 점을 인정했다. 이러한 가시적 유사성은 무엇으로 설명할 수 있을까? 오언은 그것마저도 신의 계획을 표현하는 것이라고 주장했다. 모든 종을 관련 있는 그룹으로 나누고 인간들에게 신의 창조에 깃든 조화를 상기시키기 위해 종과 종 사이에 유사성을 부여했다는 것이다.

반면에 다윈의 주장은 아주 명확했다. 모든 생명체는 과거의 한 점으로부터 뻗어 나왔다. 종의 유사성은 신의 의도가 아니라 같은 과에 속한 종들의 유사성에서 기인하는 것이다. 말과의 동물들 중에서 줄무늬를 가진 것들은 그들이 실제로 같은 과에 속하기 때문이다. 그들 사이에 존재하는 해부학적 공통점도 논점을 분명하게 해주었다. 과거로 과거로 더 멀리 거슬러 올라가면, 바다사자와 개 사이에도 유연관계가 있게 마련이다.

그러나 변이의 대물림 이론에 대한 반대는 종교적인 이유 때문만은 아니었다. 다윈은 자신의 이론에 대한 과학계의 반박을 정면으로 다루었다. "그러한 반박 중 어떤 것들은 참으로 예리해서, 요즘에도 그 이야기를 생각할 때면 등줄기에 식은땀이 흐를 정도다"라고 다윈은 고백했다. 훗날 어떤 이들은 이런 고백이야말로 다윈의 이론에 약점이 있다는 증거라고 공격했지만, 다른 사람들은 다윈의 천성적 온화함과 항상 더 배우고자 했던 열정의 증거라고 반박했다.

다윈은 자신의 이론을 겨냥한 반박들을 간결하게 정리했다. 첫째, 한 종에서 다른 종으로 변해가는 과정의 중간 형태는 어디에 있는가? 진화가 아주 느리게 진행되는데도, 우리는 각각의 종을 다른 종과 '모호하게 겹치는' 부분 없이 분명하게 구별할 수 있는가? 어떻게 '눈'처럼 고도로 복잡한 구조가 자연선택에 의해 점진적으로 만들어질 수 있는가?

《종의 기원》의 3분의 2는 히말라야 산맥 지류의 화석층부터 뉴질랜드 숲에 이르기까지 지구 곳곳에서 수집한 진화과정의 증거를 가지고 과학계의 반박을 해명하는 데 할애됐다. 그는 필요한 모든 증거를 갖추고 있다는 점을 들어 독자들을 다시 한 번 설득하려고 노력했다. 화석의 형태로 남겨진 긴 시간의 흔적, 대영제국과 왕립식물원의 네트워크를 통해 공간을 넘나들며 수집한 자료 등 지구 곳곳에서 수집한 표본과 자료를 열거했다.

열을 지어 늘어선 인도네시아의 섬부터 파나마까지 동에 번쩍 서에 번쩍하며 온 지구를 종횡무진 누벼 단 세 개의 문장으로 압축해 설명하는 열성이야말로 다윈의 책에 최종적이고 궁극적인 진정성을 부여한 힘이다. 우리는 그와 함께 거대한 대륙을 한 번에 뛰어넘는 큰 보폭으로 세계를 일주한다. "코르디예라('끈' 또는 '작은 밧줄'이라는 뜻의 스페인 고어 'cordilla'에서 유래했다. 아메리카와 유럽에 넓게 분포하는 길고

검은 늑대(Canis aecidentális)

불도그(Canis familiaris)

평행한 산맥으로, 북아메리카에서는 로키 산맥과 시에라네바다 산맥 또는 두 산맥 사이의 산지를 통틀어 코르디예라라고 하고, 이 산계가 있는 지역을 코르디예라 지역이라고 한다. 아프리카에서는 매우 작고, 오스트랄라시아에서는 분리된 섬의 형태로 나타난다. - 옮긴이)의 높은 정상에 오르면 고산종 비스카차를 볼 수 있다. 강으로 눈길을 돌려보면, 비버나 사향쥐는 볼 수 없지만 남미형 설치류인 코이푸와 카피바라 등을 만날 수 있다."

비평가들은 《종의 기원》을 겨냥한 여러 가지의 반박을 들고 나왔다. 반박론자들 중 일부는 자연선택이 아주 느리게, 극미한 변화를 일으켜 복잡한 구조까지 완성한다는 다윈의 주장에 특히 강한 의구심을 드러냈다. 그들이 대표적으로 내세우는 반증은 안구였다. 수정체, 각막, 망막같이 복잡한 구조를 가진 기관이 어떻게 단 하나의 감광세포로부터 조금씩 진화할 수 있단 말인가?

그들은 감광세포가 시초라는 생각 자체를 비웃었다. 완벽한 망막이 되기 전의 망막은 어떤 기능을 했으며 완벽해지기 전에는 어떻게 작용했단 말인가? 우수한 형질의 망막이 중간 단계에 있는 동물에게 유리하게 작용할 수 없었다면 자연선택이 작용해서 이 세포가 눈으로 진화하지도 못했을 것이다. 반박론자들은 다윈의 메커니즘을 위한 제도판으로 돌아가 말했다. 그러한 메커니즘이 정말로 느리게 나타난다면 중간 단계에 있는 표본은 자연세계의 어디에서 볼 수 있는가? 날개를 반쪽만 가진 새는 어디에 있으며 세상을 반만

볼 수 있는 동물은 또 어디에 있는가?

이에 대해 다윈은 라이엘이 분명하게 제시한 지질학적 시간, 즉 억겁의 시간이라는 상상조차 할 수 없는 길고 긴 시간을 예로 들었다. 다윈에게 있어 19세기라는 시간대는 좌우로 수백 킬로미터 펼쳐진 길이의 시간표 위에 찍힌 단 하나의 점에 불과했다. 그는 반쪽짜리 날개나 다른 중간 단계의 개체를 실제로 볼 수 없다는 사실 때문에 이를 부인하는 것은 책의 한 문장을 읽어본 뒤 그 문장에 'ㄱ'이 없다고 해서 'ㄱ'이라는 글자 자체가 없다고 주장하는 것과 다르지 않다고 반박했다.

마지막으로, 다윈은 다시 한 번 개 이야기로 돌아가 반박론에 응수했다. 아무리 다윈이라도 화석으로 남아 있는 진화사 전체를 보여줄 수도, 자연에 존재하는 '진행 중인 진화'의 사례를 보여줄 수도 없었다. 그러나 다윈의 이론과 대치된 개 육종가들도 현대적으로 진화한 견종의 역사 전체를 보여줄 수 없었다.

"반박론자들은 나에게 '중간 단계에 있는 형태'들을 제시하라고 말한다. 나는 그 요구에 이렇게 대답하겠다. 그들이 불도그와 그레이하운드 사이에 존재하는 모든 단계의 개를 분명히 보여준다면, 나도 그들이 원하는 것을 보여주겠다고."

다윈은 반박론자들이 던진 결정적인 질문에 만족할 만한 답을 제시하기 위해 고군분투했다. 그러나《종의 기원》독자들에게 가장 궁금하고 난해한 문제는 다윈이 유일하게 언급을 회피했던 바로 그 문제였다. 이 책의 모든 내용은 인간이라는 존재의 기원에 대해 어떠한 의미를 내포하는가?

레슬리 스티븐이 관찰했듯,
"개는 고양이 정도의
일반적인 개념을
가지고 있으며,
철학자에 버금갈 정도로
많은 단어도 알고 있다."

04

유사성

《종의 기원》으로 다윈은 자연세계에 대한 수많은 사람들의 관점을 영원히 변화시켰다. 다윈의 자연세계는 여전히 멋있고 장엄한 곳이지만, 가혹하고 폭력적이기도 했다. 1859년 말에 출판된 초판본은 초록색 장정에 가격은 14실링이었고, 표지에는 출판업자 존 머리의 이름이 금박으로 새겨져 있었다. 머리는 초판 1,250부를 판매하면 손익분기점을 맞출 수 있을 것이라고 생각했다. 그러나 초판은 발행일 전에 이미 예약이 끝나버렸다. 사업 감각이 뛰어났던 머리는 곧바로 행동에 들어갔다. 크리스마스가 지나고 온 세상이 얼어붙을 듯 추웠던 이듬해 1월, 다윈은 몇 가지 수정사항을 재빨리 손본 후 3,000부를 증쇄했다. 곧이어 독일어로 번역할 계획도 세워졌다. 《종의 기원》은 세상을 휘젓기 시작했다.

하지만 런던의 평론가들은 매서웠다. 그들은 다윈이 조심스럽게 피하고 있던 문제를 날카롭게 파고들었다. 문예평론지 《애서니엄(Athenaeum)》은 "인간은 어제 태어났다. 인간은 내일 멸망할 것이다"라는 말로 다윈의 이론을 비난했다. 비판론자들은 약속이나 한 듯, 《종의 기원》이 말하는 인간의 의미에만 집착했다. 다윈이 케임브리지에 있을 때부터 은사였던 애덤 세지윅(Adam Sedgwick)은 《종의 기원》의 일부 내용에 대해서는 감탄스럽다고 솔직하게 인정했지만, 다른 부분에 대해서는 비통함을 표현했다. 그는 편지에 "다윈의 이론이 맞는다면, 내 생각에 인간성은 스스로 야수가 되어버릴 정도로 깊은 상처를 받아 인류를 멸망시키고 말 것일세"라고 썼다. 그리고 말미에는 '원숭이의 아들'이라고 서명했다.

잠시라도 여유가 생길 때마다 다윈은 다양한 식물과 끈끈이주걱, 난초 등 '종의 문제'라는 커다란 주제를 다룬 책 이후의 입가심 같은 섬세하고 상쾌한 주제로 빠져들었다. 그러나 다윈이 반다 난초에 속하는 여러 난초의 잘 알려지지 않은 수분 메커니즘에 몰두해 있는 동안, 빅토리아 시대 런던의 신문사와 잡지사들은 《종의 기원》을 이용하면 큰 돈벌이를 할 수 있으리라는 사실을 깨닫기 시작했다. 언론을 이용해 대박을 터뜨리려면 가장 큰 주제에 곧바로 달려들 필요가 있었다. 마침 그 무렵에는 아프리카의 가장 깊은 오지에서 고릴라를 사냥했다는 탐험가 폴 뒤 샤이(Paul du Chaillu)의 이야기가 런던 독자들로부터 엄청난 반응을 일으키고 있었다. 잡지사 필진들에게는 자신들이 쓸 이야기의 방향이 어느 쪽을 향해야 할지 분명해졌다. 인간의 위엄은 사라졌다. 인간은 이제 한낱 원숭이에 불과했다.

독자들의 취향을 잘 아는 잡지들은 다윈을 조롱하는 풍자만화를 그렸다. 침팬지처럼 구부정한 허리에 원숭이의 몸과 긴 꼬리를 가진 모습의 다윈이 지면을 장식했다. 《펀치(Punch)》 편집부는 고릴라를 주제로 한 시를 발표했다. 런던의 모든 시민이 언론 기사들을 보고 웃어댔다. 《종의 기원》이나 다윈, 그리고 원숭이를 주제로 다룬 기사들은 대중의 마음을 온통 혼란의 도가니 속으로 빠뜨렸다. 이제 그 바람은 폭풍이 돼버렸다. 다윈은 인류를 한낱 동물로 전락시켰다는, 결코 고차원적일 수 없는 동물이라고 주장하고 있다는 비난—그가 그토록 피하고자 애썼던—에 직면했다.

다윈은 자신이 주장하는 자연선택설을 받아들이는 사람들을 만날 때마다 크게 기뻤지만, 항상 요란한 소동을 피하려고 노력했다. 그는 다운하우스에 칩거하면서, 전출 간 교구목사가 남긴 테리어종 타타르를 끌고 산책을 하면서 시간을 보냈다. 그는 골치 아픈 일은 충직한 조수이자 왕립광산학교의 젊은 교수인 토머스 헉슬리

다윈을 조롱하는 풍자만화

(Thomas Huxley)에게 맡긴 채 일절 공식적인 대응을 하지 않았다. 다윈이 식물 실험에만 몰두하는 동안 많은 시간이 흘렀다. 그동안 그는《종의 기원》을 쓰는 과정에서 쌓아놓았던 기초 연구자료들을 가지고 또 한 권의 책을 써나갔다. 1868년에 출판된《가축화에 따른 동식물의 변이(*The Variation of Plants and Animals Under Domestication*)》의 첫 장은 '길든 개와 고양이'였다.

20년 동안 수집해온 자료들을 한 권의 책으로 추려내는 지난한 작업에 직면한 다윈은 오랜 친구 찰스 라이엘에게 도움을 청했다. 훗날 라이엘에게 감사의 뜻을 전하는 편지에 힘들고 지친 어조로 이렇게 썼다.

"개에 대한 장을 쓸 때 붙인 주석 작업을 돕기 위해 탁월한 충고들을 보내주셨지요. 그런데 그걸 수정하는 작업은 대단히 힘들었습니다. 이 세상의 개라는 개는 모두 지옥에나 가버렸으면 좋겠다는 생각이 들었을 정도로 말입니다. 그런데 가끔은 선생님도 그랬으면 좋겠다는 생각이 들어 두렵습니다."

그렇게 세월이 흐르는 동안 다윈은《종의 기원》과 관련된 문제를 피하려고 애썼지만, 대중의 불만은 잦아들지 않았다. 소위 고등 교육을 받았다는 사람들조차 인간이 유인원으로부터 갈라져 나왔다는 진화론을 받아들이지 않자 다윈도 화가 치밀었다.

"나는 자신의 적을 고문하는 걸 즐기고, 피의 제물을 바치고, 눈

하나 깜짝 않고 유아를 살해하고, 아내를 노예처럼 부리고, 품위라고는 눈 씻고 찾아봐도 없고, 사악한 미신에 휘둘리는 야만스러운 적으로부터 자기 주인의 생명을 구하기 위해 그 무시무시한 적과 맞선 영웅적인 작은 원숭이의 후예임이 틀림없다."

1860년대에 미국이 남북전쟁의 소용돌이에 휘말리면서 부상한 노예문제는《종의 기원》을 둘러싼 논쟁을 더욱 격화시켰다. 다윈이 보기에 노예문제는 인류에 대한 사람들의 생각이 얼마나 뒤틀려 있는지를 잘 보여주는 표본이었다. 길든 동물과 식물에 대한 책을 마무리하면서, 다윈은 드디어 인류에 대해 쓰기 시작했다. 1860년대의 마지막 몇 해 동안, 그는《인간의 유래》를 쓰기 시작했다. 제목이 '인간의 유래'임에도 불구하고, 이 책의 내용은 개에 대한 이야기가 상당 부분을 차지했다.

그의 나이는 어느새 예순이었다. 다윈은 여전히 느릿느릿한 속도로 일했다. 사례들을 추리고, 사실들을 검토하고 또 검토했다. 그리고 더 많은 편지를 썼다. 아이들도 이제 성인이 됐다. 칸으로 휴가를 떠난 헨리에타에게 정리를 끝낸 원고를 보내 읽어보게 했다. 새 책에서는 인간을 유연관계에 있는 다른 동물들과의 관계 속에 놓고 속성을 파헤쳐볼 작정이었다. 그러나 새 책은 다른 면에서도 차이가 있었다.《종의 기원》은 20년에 걸친 심사숙고와 신중하게 고른 문장으로 창조의 아름다움에 대한 고찰과 함께 끝을 맺은 책이었다. 《인간의 유래》는 그보다 더 큰 주제에 도전했다. 정신과 도덕, 심지어는 성적 매력까지 이슈로 다뤘다.

옷을 입었을 뿐, 인간도 동물에 불과하다는 생각은 진화론에 대한 글을 접하는 대부분의 빅토리아 시대 사람들을 불쾌하게 만들었다. 이러한 개념은 독실한 신앙인, 주교나 목사, 19세기 영국의 일반 신자들을 불안하게 했고, 신앙심이 깊은 박물학자와 과학자들까지도 걱정스럽게 했다. 예를 들면, 다윈의 가장 가까운 지적 조력자 찰스 라이엘도 친구의 이론에 흥미를 느끼기는 했으나 자연선택에 의한 진화라는 이론을 인간에까지 확대 적용하는 것은 마음에 들지 않았다.

가장 큰 걸림돌은 인간의 유일성이었다. 반대론자들은 특히 한 가지 요소에 불만을 나타냈다. 그리스도교인들은 인간의 영혼이란 사후에도 죽지 않고 남는 것이라고 배웠다. 영혼은 논쟁의 핵심으로 떠올랐다. 영혼이라는 선물은 인간과 신 사이에 존재하는 특별한 관계의 상징이었으므로, 진화론자들에게는 대단히 큰 걸림돌이었다. 다른 모든 피조물에는 없으면서 오직 인간에게만 영혼이 존재한다는 것을 어떻게 설명할 것인가?

라이엘은 인간은 별개로 존재하는 두 부분으로 이루어진 것이 틀림없다고 생각했다. 진화론을 받아들일 수 있는 동물적인 속성의 육체와 그와는 별개로 신에 의해 창조된 도덕적, 지적 부분이었다. 이렇게 구분을 지으면, 진화에 의해 이루어진 자연세계와 창조에 의해 이루어진 인간세계 사이에 뛰어넘을 수 없을 정도로 높고 견고한 장벽을 다시 세울 수 있었다. 라이엘은 인간이 탄생할 때에는 신이 영혼을 불어넣는 제2의 창조의 순간이 있을 것이라는 이론을 세웠다. 이러한 가설의 보완이 없다면, 인간은 신과의 유일한 관계를 박탈당하고 그저 흙이나 파먹는 단순한 동물로 전락하고 만다고 라이엘은 생각했다. 이렇게 생각하는 사람은 비단 라이엘뿐만이 아니었다.

다윈은 라이엘의 생각에 그다지 동의하지 않았다. 그는 라이엘에게 보내는 편지에 "애석하게도 나는 인간의 위엄에 대해 '위로가 될 만한' 견해를 가지고 있지 않다"라고 썼다. 다윈도 이제 이러한 견해를 피력하는 데 있어 가슴을 졸일 만큼 소심하지 않았다. 1870년대의 문화적 분위기도 그가 《종의 기원》 출판을 두고 망설일 때와는 크게 달라져 있었다. 당시는 '인간의 유래'라는 주제에 대해 자신의 생각을 당당히 밝힐 수 있는 시기였다.

《인간의 유래》는 진지한 주제를 다루는 책이어야 했다. 다윈이 도전하기로 마음먹은 것도 바로 인간과 동물 사이의 넘을 수 없는 장벽이었다. 이번에도 그의 방법은 인간의 유일성에 도전하는 방대한 양의 작은 증거들을 제시하는 것이었다. 사람들은 오직 인간만이 사랑하고, 이타적으로 행동하고, 소망하고, 계획할 능력을 가지고 있다고 믿었다. 오직 인간만이 복잡한 감정을 느끼고, 추상적으로 사고하거나 상상할 수 있다고 느꼈다. 다윈은 '인간만이 가지는 유일한' 특성을 동물에게서도 관찰할 수 있다고 믿었다.

"내 목적은 인간과 고등 포유동물 사이에는 근본적으로 지적 능력의 차이가 없다는 것을 보여주는 것이다."

다윈은 그러한 사실을 증명하기 위한 증거를 수집하기 시작했다.

그러나 원숭이와 다를 바 없는 인간의 이미지는 논쟁을 왜곡하고 선동적으로 자극했다. 논쟁이 그렇게 엇나가며 격해질 때마다 다윈은 구토증을 느끼고, 안절부절못하고, 신체적 통증을 호소하거나 몸서리를 쳤다. 고등 포유동물이라는 개념에 더욱 선정적으로 논쟁을 부추기는 무언가가 있었다. 그래서 다윈은 인간에 대한 새로운 책을 쓰기 시작하면서 다른 종으로부터 많은 사례를 취하기로 했다. 그리하여 그가 인간의 행동과 동물의 왕국에서 상대적으로 고차원적인 위치에 있는 동물의 행동을 비교할 때 가장 자주 언급한 대상은 그가 평생토록 가까이 했던 동물, 즉 개였다.

다윈은 자신의 생각대로 집필을 해나갔다. 첫 장은 '인간이 하등 동물에서 유래됐다는 증거'라는 다소 불친절한 제목으로 시작했다. 다윈은 인간도 지구상의 다른 피조물들과 결코 다를 바가 없는 동물이라는 사실을 독자들에게 설득시키기로 마음을 먹었고, 책의 1부는 온통 그러한 자신의 생각을 시험하는 데 할애됐다. 예를 들면, 인간의 골격은 개의 골격과 어떻게 다른가, 인간과 다른 동물들이 똑같은 질병에 걸릴 수 있는가, 사람도 개처럼 귀를 흔들 수 있는가, 같은 문제였다.

귀 흔들기는 중요한 증거였다. 개는 소리를 더 잘 듣기 위해 귀를 치켜세울 수 있다. 그런 행동은 다른 개체에게 자신이 무언가에 관심을 쏟고 있음을 알리는 신호가 되기도 한다. 인간의 경우에는 대부분 이런 능력이 더 이상 필요하지 않다. 아마도 쉽게 고개를 돌릴 수 있기 때문일 것이라고 다윈은 추측했다. 인간은 자신이 귀를 기울이고 있다는 것을 보여주기 위해 고개를 돌린다.

그러나 극소수의 사람들이 지금도 귀를 흔드는 능력을 가지고 있다. 만약 인간이 신에 의해 동물들과는 다른 유일한 존재로 창조됐다면, 왜 신은 인간의 귀에 필요하지도 않은 기능을 넣어뒀을까? 이 질문에 다윈은 이런 답을 제시했다.

"만약 인간과 개가 모두 귀를 움직일 수 있다면, 그것은 그들이 귀를 움직일 수 있었던 공통의 조상으로부터 갈라져 나왔다는 분명한 증거다."

다윈은 계속해서 귀를 주시했다. 그는 일부 사람들 귀의 바깥 연골에서 볼 수 있는 작은 돌기에 관심을 가졌다. 임신 8주까지의 초기 태아와 그 이후의 태아, 그리고 유인원을 연구한 후, 다윈은 그 돌기가 인간에게 귀를 흔드는 능력이 필요했던 때의 흔적이라는 결론을 내렸다. 귀의 우묵한 곳과 굽은 곳은 완전히 진화하기 전의 흔적이었다.

그러나 다윈의 주요 관심사는 인간과 동물 사이의 해부학적 유사성을 파헤치는 것이 아니었다. 그는 보통 사람들이 인간에게만 있다고 믿는 성질들을 주시했다. 그리고 그런 성질들이 '하등동물', 이를테면 개에게도 있다는 것을 보여주고자 했다.

다윈은 우선 행복의 감정으로부터 출발했다.

"강아지와 새끼 고양이, 새끼 양 같은 어린 동물들보다 행복의 감정을 더 잘 드러내는 존재는 없다. 우리 아이들이 장난치고 놀 때 행복해하는 것처럼, 어린 동물들도 서로 어울려 놀 때 행복을 드러낸다."

강아지와 새끼 양, 그리고 아기를 비교하면서 다윈은 독자들을 일종의 사고실험으로 이끌었다. 인간의 기원에 대한 진실을 최대한 효과적으로 끌어내기 위해, 그는 독자들에게 자연세계에서 그들이 직접 겪은 경험과 이성을 이용하도록 주문했다. 그들이 다윈의 주장이나 사실, 경험에 입각하지 않고 그들 자신의 주장과 사실, 경험에 입각해 결론에 도달하도록 하기 위해서였다.

그는 불쾌한 편견을 불러일으키는 원숭이를 뒤로 하고, 개나 집짐승처럼 모두에게 익숙한 동물들과 그런 동물들에 대한 독자들의 경험을 활용했다.

폴리를 안고 있는 헨리에타 다윈

그는 개미와 꿀벌도 동원했다. 이 두 가지 곤충은 빅토리아 시대 아이들의 교육용 동화책에 자주 등장하는 낯익은 소재였다. 부지런한 동물의 상징으로 호감을 얻은 비버, 빅토리아 시대 사람들의 일상에서 빼놓을 수 없는 말도 있었다. 그의 부드러운 필체는 독자들을 조용히 끌어들이면서 스스로 이미 알고 있는 사실을 다시 한 번 기억 속에서 되살리도록 유도했다. 그는 대부분의 문장을 '모두가 알고 있듯이'라는 말로 시작했다. 그렇게 다정다감한 시골 할아버지의 말투를 활용해 독자들로 하여금 암묵적 동의를 이끌어냈다.

'행복의 감정'으로 시작했지만, 그는 이내 '심술 맞은 감정'으로 이야기의 주제를 전환했다.

"어떤 개나 말은 성질이 사납다. 그리고 이런 성질은 대물림되는 것이 분명하다. 동물들이 얼마나 쉽게 분노에 휘둘리는지, 그 분노를 얼마나 숨김없이 드러내는지는 누구나 알고 있다."

다윈에게 있어 이러한 분노의 감정은 인간과 유연관계가 가까운 포유동물과 사람이 비슷한 방식으로 강한 감정을 느낀다는 증거였다.

그는 또한 동물들의 동정심에 대해서도 생각했다. 그는 "많은 동물이 다른 동물들의 슬픔과 위험에 동정심을 느낀다. …… 내가 기르는 개 중에는 바구니 속에 누워 앓고 있는 고양이를 지나칠 때마다 다가가서 혀로 한두 번씩 핥아주는 녀석이 있다. 이런 행동은 개

테리어(Canis familiaris)

도 감정을 느낀다는 분명한 증거일 것이다"라고 썼다. 이러한 동정심은 개의 감정도 인간의 감정과 큰 차이가 나지 않을 정도로 복잡하다는 사실을 보여주는 예라고 다윈은 주장했다.

이 책에서 가장 통렬한 부분은 개의 충성심에 대해 쓴 부분이다. 개의 충성심은 감성적인 빅토리아 시대 사람들을 사로잡은 주제였다. 다윈은 "주인에 대한 개의 사랑은 주지의 사실이다. 심지어는 죽음의 고통 속에서도 개는 주인을 보호하는 것으로 알려져 있다"라고 썼다. 그는 에든버러에서 의학 교육을 받던 기간 동안 경험했고, 자신이 혐오해 마지않았던 동물 생체실험을 둘러싼 논쟁을 《인간의 유래》에 인용했다.

"모든 이가 생체해부를 당하면서 고통스러워 울부짖는 개의 신음을 들었다. 해부를 당하는 개는 해부하는 사람의 손을 핥았다. 그 해부실험이 인간의 지식에 보탬이 된다는 이유로 완전하게 정당화되지 않는 한, 또는 우리의 심장이 돌덩이가 아닌 한 해부실험을 한 당사자는 생의 마지막 순간에 회한을 느끼지 않을 수 없을 것이다."

생체해부는 깊은 논쟁을 불러일으킨 주제였다. 생체해부란 살아 있는 동물을 대상으로 하는 모든 실험을 의미했다. 다윈이 살던 시대에는 동물을 마취 없이 해부하는 것이 일반적인 관행이었다. 동물의 사지를 묶어 사람을 물거나 움직이지 못하게 해놓고 실험을 했다. 이 실험에 다윈이 혐오감을 느꼈음은 말할 것도 없다. 그런 생각을 가진 사람은 다윈만이 아니었다. 빅토리아 여왕조차도 이러한 관행에 반대했다. 1824년에 RSPCA(동물학대방지협회)가 설립될 수 있었던 것도 빅토리아 여왕의 지원과 후원 덕분이었다. 이 협회는 1840년에 왕립협회로 승격했다.

생체실험에는 반대했지만, 생리학의 발전을 위해서는 동물실험이 필요하다는 데 다윈도 동의했다. 다윈은 1871년 3월, 레이 랭케스터(Ray Lankester)에게 편지를 썼다.

"생체실험에 대한 내 생각을 물었었지? 실질적인 생리학적 연구를 위해서는 생체실험이 필요하다는 데 동의하네. 하지만 저주스럽고 혐오스러운 호기심을 위해서라면 절대로 동의할 수 없어. 생체실험은 소름끼치고 구역질나는 것이라네. 그러니 오늘 밤 잠을 아예 자지 않을 생각이라면 몰라도, 이 문제에 대해서는 더 이상 한마디도 하고 싶지 않아."

그럼에도 불구하고 그는 1876년, 반동물학대법의 통과를 지지했다. 이 법안을 위해 소위원회에 소환된 그는, 왕립위원회에서 "동물학대는 비난과 혐오를 받아 마땅하다"라고 증언하면서도 실험에 쓰이는 동물은 마취를 해야 하며, 의식을 잃은 후에만 실험을 시작할 수 있다는 이 법안의 완화된 유보조항에 동의했다. 다윈은 살아 있는 동물을 상대로 실험을 하지 않고서는 의학적인 발전이 불가능하다고 믿었다. 그러나 실험 대상인 동물들을 최대한 배려해야 한다고 강하게 주장했다.

"나는 평생 동안 동물의 인도적 대우를 강력하게 옹호해왔다. 또한 책을 쓸 때마다 이러한 의무를 실천하기 위해 최선을 다했다."

여러 권의 저서 중에서도 《인간의 유래》는 인간과 동물의 세계를 그 어떤 책보다 가깝게 묘사했다. 그 두 세계가 커다란 심연을 가운데 두고 서로 떨어져 있는 것이 아니라 하나로 연결돼 있는 세계임을 가장 강력하게 주장한 책이었다.

종종 그는 자신이 개를 키우면서 느낀 순수한 즐거움을 사례로 제시했다.

"개들도 단순한 장난이 아니라 유머 감각이라고 부를 수 있을 만한 행동을 한다. 막대를 던져주면, 때때로 달려가 막대를 물고 뒤로 몇 발짝 물러선다. 그러고는 막대를 땅에 내려놓고 그 앞에 앉아 주인이 막대를 가지러 올 때까지 기다린다. 그러다가 주인이 다가오면, 마치 자신이 이겼다는 듯 막대를 잽싸게 물고 다시 도망친다. 그렇게 몇 번이고 같은 행동을 되풀이한다. 사람들이 농담을 즐기듯 개도 그런 행동을 즐기는 것이다."

비평가들은 이렇게 막대를 물고 왔다갔다하는 개가 머릿속으로 무슨 생각을 하는지 알 수 있다는 다윈의 주장을 일축하려 했다. 그러나 다윈은 위축되지 않았다. 그가 보기에 개는 농담을 즐기고 있을 뿐만 아니라 주인을 놀리기까지 하는 것이 분명했다. 독자로서,

우리도 그의 말이 일리가 있다는 느낌을 갖는다. 우리가 주변에서 이런 일들을 직접 관찰한 적이 있는지를 묻기 위해 다윈은 되풀이해서 사례들을 제시하고, 결국 우리는 인간과 동물이 공통의 기원으로부터 갈라져 나왔음을 받아들이게 된다.

개에게도 유머 감각이 있다는 다윈의 생각은 인간의 특성을 다른 존재에게서 찾는 일종의 의인화일 뿐이라고 비난받을 수도 있다. 비판론자들은 개가 무엇을 하는지 알 수 없다고 말할지 모른다. 개는 말을 하지 못하기 때문이다. 그러나 다윈은 개가 청각장애인이 하듯 인간의 언어를 이해하고 반응하면서 상호작용하는 것을 관찰할 수 있었다. 다윈은 언어의 부재가 인간과 동물의 본질적인 유사성을 이해하는 데 심각한 걸림돌이 된다고 보지 않았다. 그는 《종의 기원》에서 '공통의 유래'라는 표현을 썼다. 인간과 동물은 단 하나의 조상으로부터 유래된, 공통의 근원을 가지고 있다는 게 다윈의 주장이었다.

말을 할 수 없다는 것은 다윈이 자신의 개와 정을 주고받는 데에도 전혀 방해가 되지 않았다. 다윈은 과학적 관찰자의 입장에서 동물의 감정에 접근했다. 그러나 그가 기르던 집짐승들을 언제나 애정으로 돌보았다는 것은 확실하다. 다윈은 휴가를 떠날 때 개를 데리고 간 적이 없었다. 프랜시스는 훗날 아버지에 대해 다음과 같은 글을 남겼다.

아버지는 휴가에서 돌아오면 반가워하는 폴리의 행동을 매우 좋아하셨다. 폴리는 아버지를 보고 흥분해서 숨을 몰아쉬고, 낑낑거리고, 방 안을 마구 뛰어다니고, 의자 위를 오르내리며 난리법석을 떨었다. 그러면 아버지는 폴리를 안아 올려 얼굴을 부비며녀석이 아버지의 얼굴을 핥도록 두셨다. 아버지는 특유의 부드럽고 정감 어린 목소리로 폴리에게 말을 걸곤 하셨다.

다윈은 언제나 개를 가장 좋아했지만, 헨리에타는 아버지가 자식들이 기르던 애완동물도 사랑해줬다고 썼다.

아버지는 우리가 하는 일이나 흥미에 대해 관심을 보이셨고, 다른 아버지들과는 다른 방식으로 우리의 삶을 함께했다. 아버지는 고양이를 특별히 좋아하지 않으셨지만, 그럼에도 불구하고 내가 기르던 그 많은 고양이를 일일이 다 기억하셨다. 어떤 고양이가 죽으면, 몇 년 후에도 그 고양이의 습관이나 성격에 대해 말씀하시곤 했다.

다윈은 모든 동물을 제각각 별도의 존재라고 보았고 그들에게서 '개성'을 보았다. 다윈이 헨리에타의 고양이들을 아꼈던 것으로 미루어, 만약 우리가 다윈에게 고양이에게도 영혼이 있다고 생각하느냐고 묻는다면, 그는 아마 이렇게 대답할 것이다.

"다른 모든 피조물처럼 고양이도 예외가 아니다."

다윈은 상상력의 문제로 주제를 옮겨갔다. 상상력 역시 동물이 인간과 공유할 수 없는 능력 중 하나였다. 그러나 우리가 말하는 상상력이라는 것의 의미가 마음속으로 어떤 이미지와 생각을 조합해 새로운 결과를 창출해내는 것이라면, 꿈은 상상력의 분명한 본보기가 될 수 있다. 다윈은 "개, 고양이, 말, 그리고 다른 모든 고등동물, 심지어는 새까지도 생생한 꿈을 꾼다. 동물들이 잠을 잘 때 움직이거나 소리를 내는 것을 보면 알 수 있다. 그들도 어느 정도의 상상력을 갖고 있다는 사실을 인정해야 한다"라고 주장했다.

그는 밤에 짖어대는 개의 행동에도 주목했다.

"개가 그렇게 짖어대는 데에는 뭔가 특별한 것이 있다. 특히 달빛은 개로 하여금 독특하고 구슬픈 소리를 내게 만드는 뭔가가 있다."

훗날 《인간의 유래》 개정판에서 다윈은 프랑스의 전문가 우조(Houzeau)를 만난 기쁨을 털어놓았다.

"우조는 동물의 상상력은 주변 사물의 희미한 윤곽에 의해 교란돼 그들 앞에 몽상적인 이미지로 나타난다고 생각한다. 만약 그렇다면, 동물의 느낌도 거의 미신적이라고 볼 수 있다."

설명할 길 없는 자연의 힘을 마주한 개의 '미신'에 대한 다윈의 이론은 다른 곳에서도 찾아볼 수 있다. 빅토리아 시대의 인류학자

헨리에타의 고양이

들은 인간의 종교는 원시인들이 신비로운 현상―지진, 태풍, 홍수 같은 재해―에 직면했을 때 생겨났다고 보았다. 그들은 인간에게는 이러한 '원인이 없는' 현상이 '원인'을 갖게 되는 것을 두려워하는 경향이 있다고 주장했다. 이러한 분위기에서 다윈이 '미신'이라는 말을 사용한 것은 대담한 행동이었다. 그는 하등동물도 원시적인 종교와 유사한 것을 가지고 있을지도 모른다는 생각에 위험할 정도로 가까이 다가가고 있었다.

이 시점에서 다윈은 지금까지 펼쳐온 자신의 주장을 요약했다.

다윈이 주목한 밤에 짖어대는 개의 행동

인간과 고등동물, 특히 유인원은 몇 가지 공통적인 천성을 가지고 있다. 그들 모두가 똑같은 감각과 직관, 감성─비슷한 열정, 애정, 정서, 심지어는 질투나 의심, 경쟁심, 감사, 아량 같은 훨씬 복잡한 감정까지─을 가지고 있다. 속임수를 쓰고, 복수도 하며, 때로는 비난이나 조소에 상처받고 탁월한 유머 감각까지 보여준다. 놀라운 것을 보면 감탄하고 호기심을 드러낸다. 비록 정도의 차이는 확연히 드러나지만 모방과 주의력, 깊은 사고의 능력, 선택과 기억, 상상, 이성까지 가지고 있다.

그럼에도 불구하고 많은 저자가 정신적인 능력이라 뛰어넘을 수 없는 높은 장벽을 사이에 두고 인간만이 모든 하등동물과 분리돼 있다고 주장한다.

다윈은 여기서 만족하지 않고 계속 나아갔다. 동물의 지적 능력에 대한 생각을 피력하면서, 자신의 이론의 마지막 단계에 들어섰다.

지금까지 우리는 인간만이 유일하게 점진적으로 발전할 수 있는 존재라고 믿어왔다. 도구와 불을 이용할 수 있으며 다른 동물을 길들일 수 있고 재산을 소유할 수 있다고 주장했다. 다른 어떠한 동물에게도 추상화나 일반적인 개념을 형성할 능력이 없으며, 자기 인식이나 이해의 능력도 없다고 생각했다. 또한 어떠한 동물도 언어를 사용할 줄 모르며 오직 인간만이 미에 대한 감각을 가지고 있고, 자신이 한 말에 책임을 질 줄 알며 감사의 마음과 신비에 대한 경의를 가진다고 배웠다. 인간만이 유일하게 신을 경배하며 양심이라는 은총을 받았다고 믿어왔다.

다윈은 인간의 유일성에 대한 핵심적인 가정에 도달했다. 자신이 쓴 책의 다음 부분에서 다윈은 그 가정에 도전했다.

긴 여행의 막바지에, 다윈은 독자들이 터무니없다고 여길 수도 있는 영역으로 들어섰다. 그의 주장들 중에서도 가장 충격적인 것 중 하나는 동물에게도 추상적 사고력과 자의식이 잠재돼 있다는 주장이었다. 추상적 사고는 항상 인간이 얼마나 독보적인 존재인가를 상징하는 시금석으로 간주됐다. 그런데 여기서 다윈은 길을 가다가 다른 개를 만나게 된 한 마리의 개를 예로 들어 설명했다.

> 개가 멀리서 다가오는 다른 개를 보면, 그 개는 종종 추상적으로 저 앞에 개가 있다는 것을 지각한다. 그런데 멀리 있던 개가 점점 가까이 다가오면서 친구라는 것을 알게 되면, 그 개의 태도는 완전히 달라진다.

다윈은 개가 처음에는 '개'의 추상적인 개념을 인지하지만, 그다음에는 사람이 지인을 만났을 때와 똑같은 행동을 보인다고 주장했다. 그는 다음과 같이 자신의 의견을 덧붙였다.

> 이러한 경우에 동물의 정신적인 활동이 인간과는 본질적으로 다른 성격을 가진다고 주장하는 것은 순진한 가정이다. 동물이든 사람이든 가지고 있는 감각을 통해 무언가를 정신적인 개념으로 지각하는 것은 양쪽 다 똑같다.

다윈은 자신이 기르던 테리어종 애완견인 폴리를 예로 들어 설명했다.

내가 진지한 목소리로 "폴리, 그거 어디 있지?" 하고 말을 걸면 (몇 번이고 같은 실험을 해보았다), 폴리는 즉시 사냥해야 할 무언가가 있다는 신호로 받아들이고 일단 주변을 재빨리 둘러본다. 그러고는 가장 가까운 덤불 속으로 달려가 사냥감이 있는지 냄새를 맡아본다. 그곳에서 아무것도 발견하지 못하면, 주변의 나무를 올려다보며 다람쥐의 흔적을 찾는다. 이러한 행동이야말로 폴리가 찾아내거나 사냥해야 할 동물이 있다는 일반적인 생각, 또는 개념을 가지고 있다는 것을 분명하게 보여주는 예가 아닌가?

다윈은 개가 영리한 반려동물이라는 단순한 사실을 보여주려는 것이 아니었다. 그는 인간의 유일성은 신화에 불과하며, 인간이 자신의 보잘것없는 기원에 대해 스스로를 위안하고자 만들어낸 이야기라는 것을 증명하고자 했다. 그가 제시하는 사례들은 언제나 인간과 하등동물 사이에는 매우 가까운 유연관계가 존재함을 주장하기 위한 것이었다. 다윈은 도구의 제작과 재산권에 대해서도 새로운 주장을 펼쳤다. 그는 도구를 사용하는 침팬지와 코끼리를 예로 들었다. 인간만이 재산권이라는 개념을 가지고 있다는 생각에 대해서도 이렇게 말했다.

"그것은 뼈 하나를 입에 물고 있는 모든 개가 일반적으로 가지고 있는 개념이다."

이 말에 대해 우리는 미소를 짓지 않을 수 없다.

다윈은 동물의 행동이 '도덕적'이라고 불릴 수 있는가에 대해 특히 관심을 보였다. 빅토리아 시대에는 동물은 본능의 지배를 받지만 인간은 선택에 따라 행동한다는 것이 일반적인 믿음이었다. 그러나 다윈은 오로지 본능에만 의존하는 동물과 도덕적 관습에 따라 행동하는 인간이라는 두 극단 사이에는 상당히 넓고 깊은 회색지대가 있다고 생각했다. 다윈은 어떤 개들은 두 가지 행동 중에서 하나를 선택하기 위해 곰곰이 생각하고, 자신을 보호해야 한다는 욕망보다 위험에 빠진 동료를 구해야 한다는 본능을 더 중하게 여긴다는 것을 분명하게 보여줄 수 있었다.

그는 서로 다른 두 가지 본능 사이에서 어떤 것을 선택할지, 어떤 것을 따라야 할지 고민하는 개를 관찰한 경험을 언급했다.

"토끼를 쫓는 개를 야단치면, 잠시 망설이다가 다시 쫓거나 머쓱한 얼굴로 주인에게 돌아온다. 어미 개는 새끼와 주인 사이에서 고민한다. 마치 주인의 곁을 떠나는 것이 미안한 듯, 눈치를 보며 살금살금 새끼에게 다가간다."

블러드하운드

만약 개가 두 가지 조건 중 하나를 선택할 수 있다면, 그것은 자신에게 두 가지 선택권이 있다는 사실을 미리 알고 있다는 뜻이며, 위험하지만 도덕적 선택을 할 수도 있다는 의미가 아닐까?

여기까지 온 다윈은 물에 빠진 낯선 사람을 구하기 위해 물에 뛰어든 사람을 예로 들면서 다른 시각에서 이 문제를 고찰했다. 사실 인간은 이러한 상황에서 뜸들이지 않고 곧바로 행동에 돌입하는 사람, 즉 물에 뛰어들기 전에 어떤 쪽이 옳은 행동인지를 생각하지 않는 사람, 그러한 상황에서 가장 필요한 것이 무엇인지 즉각적으로 이해하는 사람을 더 높이 평가한다고 다윈은 주장했다. 개가 바로 그러한 존재다.

"그러나 물에 빠진 아기를 건지는 뉴펀들랜드, 동료를 구하기 위해 위험을 무릅쓰거나 부모 잃은 새끼를 자식으로 받아들이는 원숭이의 행동을 우리는 도덕적인 행동이라고 말하지 않는다."

결론적으로 다윈은 다시 한 번 동물의 편에 서서 단언했다.

"개는 '양심과 매우 유사한 것'을 가지고 있다."

동물에게도 양심이 있다는 결론을 내린 다윈은 주제를 자각과 언어로 옮겼다. 오늘날에도 동물이 자각을 가지고 있느냐 아니냐는 여전히 수수께끼다. 일부 과학자들은 자각(self-consciousness)이라는 말 대신 '자기지각(self-recognition)'이라는 말을 선택했다. 자기지각은 자각에 비해 스스로를 깨닫는 데 약간 더 단순한 의미의 용어로 받아들여지기 때문이다. 그러나 수많은 세월을 동물을 관찰하는 데 투자했던 다윈은 주저하지 않았다. 물론, 다윈도 개가 사후세계, 불멸의 영혼, 또는 삶과 죽음의 문제 등에 대해 깊이 생각한다고 보지 않았다.

> 그러나 뛰어난 기억력, 그리고 꿈을 꾸는 데서 알 수 있듯이, 상상력을 가지고 있는 나이 많은 개가 사냥감을 쫓을 때의 쾌감이나 고통을 전혀 반추하지 않는다고 어떻게 믿을 수 있는가? 이런 것이야말로 자각이 아니겠는가.

다윈은 이 경우를 두고는 확고하게 주장하지 않았다. 다만 독자들에게 그런 일이 절대로 일어나지 않는다고 확신할 수 있는지에 대해 사고실험과 질문을 제시했다. 그런 다음 다윈은 언어로 넘어갔다. 언어는 일반적으로 인간과 하등동물 사이의 '가장 분명한 차이 중 하나'로 여겨지던 요소였다. 그러나 다윈은 언어를 좀 더 개방적으로 정의했다. '한 생명체의 정신을 표현하고, 그 생명체가 다른 생명체에 의해 표현된 것들을 이해할 수 있게 해주는 것'이 바로 다윈이 정의하는 언어였다.

개는 사람이 하는 말을 분명 알아들을 것이라고 다윈은 주장했다. "우리 모두가 알고 있듯이, 개는 많은 단어와 문장을 이해한다."

그러므로 언어를 이해할 수 있는 능력으로 인간과 하등동물의 차이를 구분할 수는 없었다. 다윈은 개가 '10개월에서 12개월 사이의 유아'와 비슷하다고 보았다. 그는 이 시기의 아기들도 "많은 단어와 짧은 문장을 이해한다. 다만 스스로 말을 할 수 없을 뿐이다"라고 주장했다.

그러나 그 대신 개는 의사소통을 할 수 있다고 말했다. 개가 짖는 소리가 바로 그 증거였다.

> 사냥감을 쫓는 개는 무언가에 열중한 목소리로 짖는다. 으르렁거리기도 하고, 분노에 차서 짖기도 한다. 실망해서 깨갱거리거나 낑낑거리기도 한다. 때로는 아예 입을 다물어버리기도 하고, 밤이면 구슬프게 긴 울음소리를 낸다. 주인이 산책에 나서려 하는 걸 눈치채고는 기뻐서 컹컹거릴 때도 있다. 문이 열리거나 닫히기를 기다릴 때처럼 뭔가를 요구하거나 필요로 할 때의 울음소리는 평소와 확연히 다르다.

다윈은 《인간의 유래》에서 100쪽 이상을 '하등동물'에 대한 논의에 할애했다. 이 책은 정겹고 많은 것을 생각하게 하는 사례들로 가득하다. 그러나 다윈이 이 책을 쓰던 당시의 분위기를 생각할 때, 《인간의 유래》에는 지금까지도 독자들에게 충격적으로 다가오는 부분이 있다. 다윈이 종교적 감정의 발전에 주목하기 위해 동물이라는 주제와 사람들은 자연재해의 원인을 뭐라고 생각하는가에 대한 주제로 돌아갔을 때 빅토리아 시대의 독자들이 어떻게 느꼈을지는 오늘날의 우리로서는 상상하기 힘들다.

여기서 다윈이 말하는 종교란 반드시 그리스도교만을 의미하지 않는다. 그가 말하는 종교란 '보이지 않는 또는 영적인 힘을 가진 존재에 대한 믿음'으로 정의할 수 있다. 다윈은 이 문제에 대해 인류학자 에드워드 버넷 타일러(Edward Burnett Tylor)의 견해를 받아들였다. 그는 인간이 처음에 자연에 깃든 정령을 믿었던 것처럼, 초자연적인 존재에 대한 믿음은 꿈의 과정을 통해 시작됐다고 보았다. 하지만 다윈은 인간들이 그보다 훨씬 더 이전에, 훨씬 더 조잡한 형태로 힘을 갖고 있거나 움직일 수 있는 모든 것이 생명과 의지, 정신적 힘을 가지고 있다고 믿었다고 보았다.

다윈은 이렇게 해서 자신이 '미개하다'고 보는 인간과 동물을 연결시킬 수 있었다.

내가 기르고 있는 개 중에서 완전히 다 자라 매우 뛰어난 분별력을 지닌 녀석 하나가 조용하고 더운 날에 잔디밭에 누워 있었다. 그런데 약간 떨어진 곳에 세워둔 파라솔이 바람에 이따금씩 흔들렸다. 아마 그 파라솔 근처에 누가 서 있었다면, 개는 파라솔이 흔들려도 전혀 관심을 보이지 않았을 것이다. 그러나 아무도 없는데도 불구하고 파라솔이 흔들리자, 개가 격렬하게 짖어댔다. 아마도 녀석은 아주 빠르게, 그리고 무의식적으로 가시적인 원인 없이 일어나는 움직임이 뭔가 기묘한 힘의 작용을 의미한다고 추리했던 것 같다. 또한 자기 영역에 낯선 누군가가 들어와서는 안 된다고 판단했을 것이다.

다윈이 파라솔의 움직임을 보고 개가 갖는 두려움과 초기 인류가 갖기 시작한 종교를 비교한 것은 대단히 위험한 발상이었다. 그러나 그는 그 위험을 감수했다. 개는 흔들리는 파라솔을 보고 '뭔가 살아 있는 기묘한 힘'에 의해 움직인다고 생각했기 때문에 짖는다. 다윈은 야만인들 사이에서 종교가 발생한 과정을 설명하며, "영적인 힘에 대한 믿음은 하나 또는 그 이상의 신의 존재에 대한 믿음으로 빠르게 발전한다"라고 썼다. 흔들리는 파라솔을 보고 짖는 개를 관찰하며 다윈은 신에 대한 믿음이 어떻게 생겨나게 됐는지를 유추할 수 있었다. 이러한 생각을 공유한 몇몇 사람들의 관대한 반응을 제외하면, 다윈의 주장이 보수적이고 깐깐한 영국의 식자층으로부터 더욱 격렬한 반응을 불러왔으리라는 것은 보지 않아도 빤한 일이다.

신앙심은 가장 높은 곳에 자리한 신비로운 존재에 대한 사랑과 완전한 복종, 강한 의존, 경외심, 숭배, 감사, 미래에 대한 희망, 그리고 그 외 여러 가지 요소가 복합돼 이루어진 고도의 감정이다. 지적·도덕적 능력이 적어도 어느 정도 수준에 이르지 않는 한, 어떠한 존재도 그토록 복잡한 정서를 경험할 수는 없을 것이다. 그럼에도 불구하고 개의 완전한 복종과 어느 정도의 두려움, 그리고 주인을 향한 깊은 사랑이 비록 인간과는 여전한 차이를 보이지만 비슷한 수준의 정신 상태에 접근하고 있음을 우리는 알 수 있다.

인간의 종교적 믿음과 주인을 향한 개의 믿음 사이의 유사성은 적지만, 그럼에도 불구하고 다윈은 분명히 존재한다고 믿었다. 신앙심은 개가 주인에게 갖는 사랑과 비슷하다. 이렇게까지 설명했음에도 불구하고 그림이 잘 그려지지 않는다면, 다윈의 마지막 설명을 들어보자.

"브라우바흐 교수는 개가 자기 주인을 마치 신처럼 바라본다는 주장까지 했다."

이 책의 끝에서 다윈은 가장 저열한 인간과 가장 수준 높은 동물 사이라도 그 차이는 '헤아릴 수 없이 크다'라는 결론으로 양보했다. 그러나 또한 "그 차이가 …… 아무리 크다고 해도 정도의 차이일 뿐, 본질적인 것은 아니다"라고 덧붙였다. 여기에는 암암리에 함축 돼 있는 의미가 있다. 신을 바라보는 인간의 모습은 주인을 바라보 는 개의 모습과 크게 다르지 않다는 것이다.

다윈이 《인간의 유래》를 통해 얻은 결과를 몇 가지 방향에서 생 각해볼 수 있다. 어떤 이들은 《인간의 유래》가 《종의 기원》보다 보 잘 것 없는 책이라고 평한다. 자연선택이라는 이론의 강력한 힘을 희석시키고 있기 때문이다. 그러나 또 다른 관찰자들은 이 책이 미 국에서 남북전쟁이 일어나고 있던 바로 그 시기에 인종과 노예제도 등 인간 전체에 대한 생각을 담았다고 평한다. 그러나 이 책이 궁극 적으로 인간이 애완동물보다 그다지 나을 것이 없음을 줄기차게 주 장한다는 사실은 무시하기 어렵다. 특히 책의 전반부를 읽다 보면 그러한 생각이 더욱 강렬해진다. 어쩌면 그 반대로 표현하는 것이 맞을지도 모른다. 다윈의 주장을 가장 잘 요약한 말은 우리가 기르 는 애완동물들은 적어도 우리만큼 훌륭하다는 말일 것이다.

《인간의 유래》에 나타난, 개에 대한 다윈의 사랑은 새로운 독자 들을 끌어들이기에 충분했다. 연구를 하는 과정에서 다윈은 디어하 운드 육종가인 조지 커플스(Geroge Cupples)와 친구가 됐다. 이 책을 출판한 후에는 〈도그쇼〉의 평론가인 휴 달지엘(Hugh Dalziel)과 편지 를 교환했다.

《인간의 유래》에서 종교적 믿음에 대해 회의적으로 언급했음에도 불구하고, 다윈은 오랜 친구로부터 유쾌한 팬레터를 받았다. 그 친구는 다름 아닌 다운의 교구목사였던 존 브로디 인스였다. 스코틀랜드에서 살고 있던 인스 목사는 비록 《인간의 유래》가 그의 종교를 바꿔놓지는 못했지만, 매우 재미있게 읽었다고 적어 보냈다.

"나는 아직도 인간은 인간으로 창조됐다는 낡은 믿음을 지키고 있다네."

인스 목사는 다운에서 오랫동안 교구목사로 재직했고, 매우 정통적인 시각을 가진 점잖은 영국 교회 목사였다. 비록 인스 목사는 신이 세상을 창조했다고 믿었고, 다윈은 그렇지 않다고 믿었지만, 두 사람은 항상 따뜻한 친구 사이였다. 그럴 수 있었던 이유는 다윈이 비록 종교를 부정하는 책을 쓰기는 했지만 사실 다른 사람들에 비해 매우 큰 도움이 되는 평신도였기 때문이다. 다윈은 지역의 주일학교 다섯 곳에 기부를 했고, 지역사회에 크게 이바지한 저축클럽에도 큰 도움을 주었다. 다윈은 인스 목사가 다운에서 재직할 때 그가 머물 집을 마련해주기 위해 몇 년씩이나 수고를 했고, 나중에는 신앙심이 투철한 부목사(처녀들과 밤나들이를 하지 않을 만한)를 구해주려고 노력했다. 심지어는 교회 오르간까지 수리해주었다.

두 사람은 사적으로도 깊은 사이였다. 인스 목사가 치통으로 고생할 때 다윈은 치통을 다스리는 데 좋다는 아르니카를 구해서 보내주었고, 다윈이 꿀벌에 대한 참고자료를 보내주면, 인스 목사는 비둘기에 대한 정보를 제공했다. 하지만 다윈은 귀리에서 밀이 자라났다든가, 바위 속에서 두꺼비가 나타났다든가, 고라니와 젖소를 교배한다든가, '육지 삿갓조개'인 줄 알았는데 알고 보니 이끼였다든가 하는 강신술 같은 인스 목사의 이야기에는 회의적인 반응을 보였다. 인스 목사는 다윈의 아들 조지가 케임브리지에서 좋은 성적으로 졸업했다는 소식에 축하의 편지를 보내기도 했다.

가장 중요한 것은 두 사람 다 개를 좋아했다는 사실이다. 다윈의 편지에 따르면, 인스 목사는 '다양한 가축과 애완동물'을 길렀다. 인스 목사는 《가축화에 따른 동식물의 변이》를 읽고 다윈의 주장을 뒷받침해주는 포인터의 사례를 보내주었다. 또 《인간의 유래》를 읽고는 다윈의 주장에 부합하는 브로디 가족의 개 이야기를 보내주었다. 인스 목사의 가족이 스코틀랜드로 이주하자, 다윈은 그들이 기르던 개 타타르와 퀴즈를 입양해 다운하우스에서 길렀다.

다윈은 인스 목사에게 보내는 편지에 퀴즈를 입양하게 된 소감을 적어 보냈다.

"우리 가족은 퀴즈를 입양하게 돼 너무나 기쁘다네. 퀴즈는 우리가 잘 보살필 것이고, 우리와 절대 헤어지는 일은 없을 거야. 늙고 병들어 쇠약해지면, 고통 없이 편안하게 이 세상을 떠나도록 해주겠네."

개를 다운하우스로 데려오기 위해 여러 장의 편지가 오갔는데,

퀴즈가 드디어 다운하우스에 도착하자 다윈은 마치 인스 목사의 자녀 중 하나를 데려온 것과 같은 심정으로 편지를 보냈다.

"퀴즈가 어젯밤에 무사히, 건강하게 (기침은 약간 하지만) 도착했고, 신이 나서 온 집 안을 뛰어다니고 있다는 소식을 전하게 돼 기쁘네. 퀴즈는 모든 사람, 심지어 고양이까지도 매우 정중하게 대하는군."

진화론자인 다윈이 어떤 내용의 책을 쓰더라도 신이 세상을 창조했음을 굳게 믿는 인스 목사와는 언제나 좋은 친구가 될 수 있었다. 인스 목사는 1871년에 쓴 편지에 이렇게 적었다.

"자네와 나는 서로의 견해 차이에도 불구하고 단 한 번도 다툰 적이 없었지. 그건 자네의 관대한 인내심과 뚝심 덕분일 거야."

인스 목사는 다윈의 이론을 인정할 수 없다는 점을 언제나 분명히 했다. 그러나 그들이 견해의 차이 때문에 등을 돌리지 않은 것은 긍지 때문이었다. 1871년, 《인간의 유래》를 읽은 직후에 인스 목사는 이런 편지를 보냈다.

"나는 원숭이에 대해 혐오감을 갖고 있다네. 하지만 어릴 때에는 아주 예쁜 알락꼬리여우원숭이를 길렀지. 만약 정말로 원숭이가 내 조상이라면, 내 조상은 그 원숭이였으면 좋겠어. 내 바람을 좋은 쪽으로 해석해주게."

그리고 편지 말미에는 익살스러운 말을 덧붙였다.

"생각해보니까, 아무리 알락꼬리여우원숭이가 예쁘더라도 내 조

쥐를 감시하는 개

상으로는 원숭이보다 개가 더 나을 것 같아."

다윈도 인스 목사 못지않게 애견가다운 답장을 보냈다.

"개와 양고기 조각에 대한 재미있는 이야기 고맙네. 개는 참 멋진 동물이지. 누구에게나 사랑을 받을 만해. 양고기를 좀 훔쳐 먹더라도 말이야."

책에 대한 비판은 정중하게 빗겨갔다. 두 사람의 견해차가 아무리 크고 분명했어도 한 가지 의견에는 생각이 일치했다. 인스 목사는 편지에 매우 정감 어린 어조로 이런 말을 적어 보냈다.

"모든 사람이 다윈과 인스 같다면 세상은 얼마나 좋아질까!"

우리는
우리가 노예로 만들어버린
동물들을
우리와 동등한 존재로
생각하고 싶어 하지 않는다.

05

해답

《인간의 유래》를 출판한 후 마지막 10년 동안 다윈은 이따금씩 찾아오는 손님들(큐 가든의 소장이 돼 다시는 외국으로 떠나지 않은 조지프 후커)을 만나거나 실험과 집필, 출판을 계속하면서 평화로운 삶을 보냈다. 그는 주로 온실에서 여러 가지 실용적인 실험을 했는데, 그중 지렁이 연구는 다소 기행적이었다. 심지어는 지렁이가 진동과 소리에 어떻게 반응하는지를 관찰하기 위해 아들 프랜시스를 로프로 묶고 지렁이가 들을 수 있도록 바순을 연주하게 하기도 했다.

생의 마지막 몇 년 동안 다윈의 건강은 심하게 악화됐지만, 그 와중에도 식충식물과 식물의 교차수정, 그리고 지렁이를 연구한 내용을 보충하여 책의 집필을 마무리했다.

그의 가족에게는 큰 불행도 있었지만, 다행스러운 일도 있었다. 1874년, 프랜시스가 결혼을 했고, 그로부터 2년 후, 다윈의 첫 손자가 태어났다. 그러나 안타깝게도 며느리 에이미는 출산 도중 사망하고 말았다. 프랜시스는 몹시 괴로워했고, 갓 태어난 아기 버나드와 함께 그대로 다운하우스에 머물면서 아버지를 보좌하는 일에 마음을 쏟으며 슬픔을 이겨냈다. 찰스와 엠마는 함께 살게 된 아들과 손자에게 담뿍 정을 쏟았다.

버나드는 커서 골프를 치며 책을 쓰는 작가가 됐다. 그는 자신이 쓴 책 중 한 권에 외로이 골프를 즐기던 어린 시절의 회고담을 적었다.

"가장 쉬운 놀이는 나 혼자 게임을 하는 척하며 노는 것이었다."

그는 또한 상상 속의 골프 친구들 이름을 짓는 데에도 전형적인 다윈 가문의 사람다웠다.

"내 게임 친구들의 이름은 개, 고양이, 말의 이름을 그냥 가져다 쓰든지, 아니면 그 이름에 접두사나 접미사를 붙여 만들었다. 지금도 얼마든지 그런 이름을 지을 수 있다."

그 무렵 엠마는 자녀들에게 기르는 개의 소식을 전했다. 편지에는 다윈이 비글호를 타고 항해를 떠났을 때 누이들이 들려준 개 이야기도 있었다. 엠마는 가까운 가족들에게 개와 관련된 소식들을

아이리시울프하운드

소상히 전하는 가문의 전통을 실천하고 있었다. 어느 해 봄, 밥이 병에 걸리자 엠마는 헨리에타에게 이런 내용의 편지를 보냈다.

"불쌍한 보비가 오늘은 어제보다 좀 나아져 밥을 조금 먹었구나. 베개를 베고 모피를 두른 채 누워 있는 보비의 모습은 영락없이 사람 같아. 누가 말을 걸 때마다 꼬리를 살짝 흔들면 모피가 따라서 움직인단다."

엠마는 자녀들에게 그들이 기르는 애완동물에 대한 충고도 잊지 않았다. 맏아들 윌리엄이 새로 입양한 강아지가 통 적응을 하지 못하자 며느리에게 이렇게 적어 보냈다.

"너희 새 강아지가 어서 편안해졌으면 좋겠구나. 오터(그들이 기르던 다른 개의 이름)가 새 강아지와 함께 자지 않으려고 하든?"

엠마와 찰스는 아들 조지가 기르던 성질 고약한 페퍼를 훈련시키느라 무진 애를 썼다. 페퍼는 정원사들을 무는 고약한 버릇을 가지고 있어서, 엠마는 녀석을 안락사하게 되지 않을까 노심초사했다.

"페퍼 때문에 심란하구나. 그 작은 몸뚱이 안에 깃든 유쾌한 성격을 없애버려야 한다니, 슬프다."

페퍼는 결국 안락사는 면했지만, 레슬리 스티븐의 집에서도 적응하지 못하자 캔터베리 대주교에게 보내졌다.

하지만 편지의 대부분을 차지한 것은 헨리에타가 기르던 폴리에 대한 내용이었다. 폴리의 남다른 성격이 엠마의 마음을 사로잡았다.

"이렇게 반듯하고 단정한 개는 처음이야. 우리가 점심을 먹으러 가면 폴리는 자신의 저녁을 기다리면서 매트 위에 앉아 있단다. 그리고 우리가 저녁을 먹으러 가면 난롯가 의자 위 러그에 앉아 있어."

한배에서 낳은 새끼를 모두 잃은 후, 폴리는 프랜시스에게 집착했다. 엠마는 편지에 이렇게 썼다.

"폴리는 새끼를 잃은 상처를 마음에 담아두고는 프랜시스가 큰아들이라고 생각하는 것 같아. 기회만 있으면 프랜시스의 무릎에 앉아 있거나 그가 귀찮아할 정도로 손을 핥아댄단다."

다윈은 폴리를 끔찍하게 아꼈고, 던져주는 비스킷을 받아먹도록 가르치기도 했다. 폴리는 다윈이 몇 시간이고 서재에서 일을 할 때면 참을성 있게 가만히 앉아 주인을 기다렸다.

1882년 봄, 다윈의 건강은 급격히 악화됐다. 4월 중순에는 가족들이 최후의 순간이 왔음을 직감했을 정도로 나빠졌다. 헨리에타는 아버지가 죽음에 임박해서 생을 후회하고 신에게 도움을 청했다는 말을 듣지 않도록 아버지의 죽음에 대해 상세하게 기록하기 시작했다. 마지막 고통의 시간을 엠마가 곁에서 지켰고, 다윈은 4월 18일 밤 마지막 고통의 순간을 이기지 못하고 엠마의 곁에서 결국 운명했다.

다음 날 아침, 프랜시스와 버나드가 마지막으로 정원에서 과거를 추억하며 그들이 '신사 숙녀'라고 부르던 야생 아룸의 열매를 땄다. 그러나 다윈을 형 이래즈머스 곁에 조용히 안장시키고자 했던 다윈 가족의 바람은 이루어지지 않았다. "그이를 이래즈머스 곁에서 쉴 수 있게 해주지 못한 것이 가슴 아파요"라고 엠마는 말했다. 다윈은 웨스트민스터 사원에 안장됐다. 다윈이 그토록 아끼던 애견 폴리도 주인이 죽은 지 며칠 만에 세상을 떠나 다운하우스 정원의 사과나무 아래 묻혔다.

다윈은 자연선택에 의해 더 개선된 형질이 유전된다는 자신의 이론을 상당 부분 불확실한 상태로 남겨둔 채 세상을 떠났다. 뛰어난 과학자들도 다윈의 이론이 증명되지 않은 채 표류됐다고 느꼈다. 다윈은 책의 추가 판본에 자연선택이 진화론적 변화의 유일한 메커니즘이라고 가정하는 한정적 유보조항을 직접 달았다. 따라서 만약 다윈이 갑자기 우리 곁으로 돌아온다면, 그가 대답하고 싶었을 수백 가지의 중요한 질문을 만났을 것이다. 자연사박물관의 다윈관이나 그가 다니던 케임브리지의 크라이스트 칼리지에서도 수많은 질문과 반박론, 그리고 새로운 가능성을 만났을 것이다.

그는 가장 유명한 저서, 《종의 기원》에서도 자신이 가진 지식이 어떤 부분에서는 확실하고 어떤 부분에서는 확신할 수 없다는 격차 때문에 답답해했다. 그가 인정했던 격차를 지금 우리가 가까스로 메워가고 있는 것을 보았다면 분명히 기뻐했을 것이다. 200만 년 전 아프리카로 거슬러 올라가 인류의 가장 가까운 친척이었을 것으로 추정되는 화석을 보았다면, 그는 특히 더 흥미를 가졌을 것이다. 지금의 우리는 조상들이 점차 직립보행으로 진화했던 과정, 도구를 만들고 섬세한 언어를 만들어간 과정을 거의 완벽하게 설명할 수 있다. 지금까지 우리가 다윈의 관심사에 대해 알게 된 바에 비춰 보면, 그가 길든 개의 진화에 대한 최근의 지식을 알고 싶어 하리라는 것도 거의 분명하다.

다윈은 개가 어떻게 해서 인간의 손에 길들게 됐는가 하는 문제에 언제나 큰 흥미를 느꼈다. 무엇보다 우리가 집에서 기르는 애완견 같은 동물이 야생에서는 존재하지 않는다는 사실을 그는 알고 있었다. 그 이전의 다른 많은 박물학자처럼, 그는 개가 야생의 조상으로부터 인간에 의해 길들었다고 믿었다. 이러한 길들이기 과정은 아주 오랜 옛날부터 존재했던 것이 분명하다. 19세기 고고학자들도 인간의 뼈가 개의 뼈와 모종의 관계를 연상시키는 듯한 형태로 매장된 신석기 시대와 청동기 시대의 유적을 발견했다. 이 개들은 늑대와 매우 달랐다. 늑대보다 몸집이 훨씬 작고, 늑대의 툭 튀어나온 주둥이와는 달리 길든 개의 '얼굴'과 매우 흡사한 특징을 가지고 있었다.

다윈은 4,000~5,000년 전에는 견종 간의 차이가 뚜렷했다는 사실을 발견했다. 고대 바빌론의 돌 문짝에 새겨진 거대한 부조 속 맹견 스타일의 경비견, 이집트 무덤의 벽화에 나타난 다리가 길고 눈매가 날카로운 그레이하운드 스타일의 사냥개, 야만적인 생활양식이 모두 사라져 차가운 손을 따뜻하게 할 줄 알고 저녁식사는 불에 익혀 먹던 로마 시대에 처음 등장한 안고 다닐 수 있을 만큼 작은 크기의 애완견과 턴스피트 등이 그런 개였다. 만약 개가 인간의 손에 길든 동물이라면, 그 과정은 아주 오래전부터 시작됐을 것이다. 적어도 수천 년 전부터 시작됐을 것이며 그 후로는 대략 비슷한 형태로 남게 됐을 것이다. 그러나 개는 애초에 어디서부터 시작됐을까?

생각하고 또 생각한 끝에, 다윈은 개가 서로 다른 조상으로부터 유래했다는 결론을 얻었다. 불 마스티프부터 앙증맞은 스패니얼에 이르기까지 그는 여러 종류의 개를 관찰한 결과, 하나의 야생동물로부터 갈라져 나왔다고 보기에는 다른 점이 너무도 많다는 사실을 발견했다. 서로 다른 종류에서 기인한 서로 다른 기질은 다양한 야생의 조상으로부터 비롯돼 서로 잡종교배로 후손을 보았기 때문이라고 다윈은 생각했다. 마치 요리의 레시피를 적는 것처럼 그는 개의 조상을 이렇게 정리했다.

"늑대의 두 종류, 카니스 루푸스(Canis lupus)와 카니스 라트란스

(Canis latrans), 그리고 두세 가지의 의심스러운 늑대의 종류, 적어도 하나 또는 두 종류의 남아메리카산 갯과 동물, 여러 혈통 또는 종의 자칼, 그리고 한두 종류의 멸종된 종."

　다윈은 개의 조상에 대해 단지 가설을 세울 수 있었을 뿐이었다. 그는 유전자에 대해서도 알지 못했고, DNA는 존재조차 몰랐다. 빅토리아 시대에는 한 개체가 자신의 특질을 후손에게 물려주는 과정에 대해 제대로 이해하고 있지 못했다. 오늘날 우리는 그 과정을 매우 자세히 이해하고 있으며 실험실에서 연구를 할 수도 있다. 게다가 최근 20년 동안 서로 다른 개체 또는 서로 다른 종의 DNA 섹션을 비교하는 것이 훨씬 간편해지고 비용도 저렴해졌다. 결과적으로 우리는 개의 DNA나 게놈을 배열해놓고 늑대나 코요테와 비교하면서 그들이 얼마나 가까운 유연관계에 있는지 파악할 수 있다.

　이러한 기술을 동원해 비교하면, 두 그룹의 동물이 서로 갈라진 이후 진화에 걸린 시간의 길이를 측정할 수 있다. 이렇게 해서 과학자들은 개의 진화론적 유연관계를 나뭇가지 모양의 가계도로 만들었다. 그 가계도는 다윈이 1838년에 그렸던 다이어그램과 매우 흡사하다.

　늑대, 딩고, 들개, 여우는 물론, 그레이트데인에 이르기까지 모든 길든 개는 '갯과(canid)'라고 하는 독특한 육식포유류의 한 과를 이루고 있다. 개, 여우, 늑대는 약 5,000만 년 전 곰이나 고양이 같

푸들

은 다른 육식동물로부터 갈라져 나왔다. 그래서 이들은 상대적으로 연원이 깊은 계보를 가지고 있으며, 그중 많은 종이 현재는 존재하지 않는다. 오늘날에는 35개 종의 갯과 동물이 남아 있는데, 모두 1,500만~1,200만 년 전이라는 비교적 최근에 폭발적으로 진화돼 나왔다.

이런 갯과 동물들 중의 하나가 늑대와 개의 먼 친척인데, 다윈이 비글호를 타고 떠났을 때 직접 발견한 남아메리카의 '조로(zorro)'라는 동물이었다. 칠레 연안의 섬에서만 서식하는 이 동물은 다윈의 이름을 따서 '다윈의 여우'라고 부른다.

오늘날에는 세계 각국의 여러 과학자들이 개의 게놈에 대해 연구하고 있다. 2003년에 최초로 게놈지도가 만들어진 개는 섀도라는 이름의 푸들이었다. 우연찮게도 섀도는 바이오테크 백만장자이자 인류 최초로 완벽하게 DNA가 분석된 크레이그 벤트너(Craig Ventner)의 애완견이었다. 섀도의 초기 게놈지도에서는 몇 가지 흥미로운 사실이 발견됐다. 이 푸들은 놀랍게도 인간과 똑같은 유전자를 18,473개나 가지고 있었다. 인간이 가지고 있는 유전자의 총수는 24,567개다. 결국 개와 인간은 유전학적으로 상당히 큰 공통분모를 가지고 있는 셈이다(개와 주인이 종종 굉장히 닮았다고 생각하는 사람들의 얼굴에는 미소가 떠오를지도 모르겠다).

2006년, 과학자들은 타샤라는 복서종 개의 게놈지도를 완벽하게

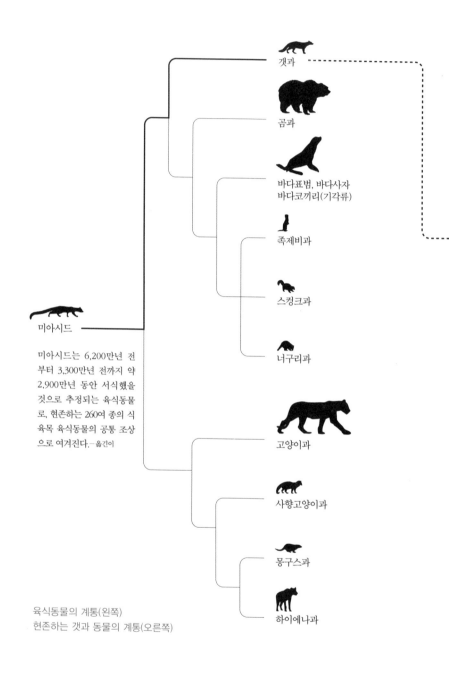

갯과

곰과

바다표범, 바다사자
바다코끼리(기각류)

족제비과

스컹크과

너구리과

고양이과

사향고양이과

몽구스과

하이에나과

미아시드

미아시드는 6,200만년 전
부터 3,300만년 전까지 약
2,900만년 동안 서식했을
것으로 추정되는 육식동물
로, 현존하는 260여 종의 식
육목 육식동물의 공통 조상
으로 여겨진다.—옮긴이

육식동물의 계통(왼쪽)
현존하는 갯과 동물의 계통(오른쪽)

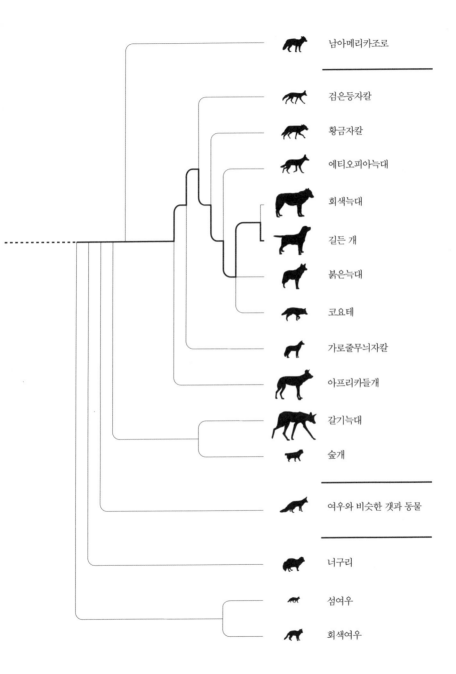

남아메리카조로

검은등자칼

황금자칼

에티오피아늑대

회색늑대

길든 개

붉은늑대

코요테

가로줄무늬자칼

아프리카들개

갈기늑대

숲개

여우와 비슷한 갯과 동물

너구리

섬여우

회색여우

그려냈다. 게놈은 유전자 같은 유용한 DNA뿐만 아니라 불필요한 복사 부위 같은 '정크' DNA도 포함하고 있기 때문에 완벽한 게놈지도는 매우 중요하다. '정크' DNA는 그다지 학문적 연구의 대상처럼 들리지 않음에도 불구하고, 시간이 흐르면서 유전자 그 자체보다는 진화론적 관계를 파악하는 데 있어 점점 중요해지고 있다. 이 유전자는 말 그대로 잡동사니라서 쓰이지 않기 때문에 과거의 기록을 더 정확히 보존하고 있는 경우가 종종 있다. 깨끗한 주방보다는 온갖 잡동사니로 가득 찬 지저분한 다락방에서 종종 그 집안의 역사를 알려주는 좋은 정보들이 나올 확률이 많은 것과 같은 이치다.

과학자들은 이 새로운 기술을 이용해서 개의 조상에 대해 어떤 것들을 발견했을까? 이들의 DNA 연구가 자신이 의심했던 문제들을 확실하게 밝혔다는 사실을 알게 된다면, 다윈도 아마 무척 기뻐할 것이다. 개와 늑대는 매우 가까운 유연관계에 있다. 개와 늑대의 평균적인 게놈 차이는 1퍼센트에 불과하다. 그다음으로 가까운 관계인 코요테와는 7.5퍼센트의 차이가 있다.

그러나 이 사실만 가지고 개가 길든 늑대라고 볼 수는 없다. 유행을 좋아하는 개 조련사들 중에는 이러한 견해에 동의하지 않는 사람도 있겠지만(미국에서는 지금도 개를 늑대종에 속하는 카니스 루푸스로 분류한다), 개는 '늑대와 비슷한 조상'의 후예라고 말하는 것이 더욱 정확하다. 늑대는 개와 가장 가까운 살아 있는 친척이다. 그 이상은 단

언할 수 없다. 개가 길들어져 인간과 함께 살아가는 동안 늑대와 비슷했던 원래의 조상은 절멸했을지도 모른다.

개의 게놈을 연구하는 과학자들은 또 한 가지 흥미로운 사실을 발견했다. 그들이 연구한 개의 DNA는 네 가지의 주요 그룹으로 분류할 수 있고, 이 각각의 그룹이 하나의 조상을 가지고 있다는 것이다. 각각의 그룹은 고유한 순화의 역사를 보여준다. 따라서 개는 야생 상태에서 늑대와 비슷한 조상으로부터 한 가지 이상의 경로를 거쳐 진화했을 것이라 추측된다. 아마 전체를 통틀어도 서너 가지 정도밖에 거치지 않았을 것이다. DNA를 분석해보면 야생의 조상이 최초로 길든 것은 적어도 10만 년 전의 일로 보인다. 따라서 인간은 촌락을 이루고 공동체생활을 하기 오래전부터, 수렵과 채집생활을 하던 때에도 더 이상 야생늑대의 새끼를 낳지 않는 길든 개를 기르고 있었다.

그러나 개와 늑대의 행동을 연구하는 전문가들은 동물을 소유하고 기르는 석기시대 사람들의 모습에 대해 회의적이다. 유전학적 증거가 어떠하든, 그들은 선사시대 사람들이 어떻게 새끼늑대를 길들여 인간사회에 유용한 동물로 키웠는지를 알고 싶어 한다. 늑대는 탐욕스럽고 먹이에 대한 소유욕이 강하며, 길들였다 해도 사냥에 도움이 되기는커녕 방해가 될 가능성이 크다. 뿐만 아니라, 늑대는 지킴이로서도 쓸모가 없다. 제가 살던 굴에서도 위험이 감지되면 먼저 주변에 알리기보다 도망을 가버린다. 그렇다면 늑대와 비슷한 조상은 대체 어떻게 길든 것인가?

여기서 다윈이 애초에 주장했던 자연선택과 인공선택의 차이가 무대 중앙에 등장한다. 그동안 우리는 인간이 늑대와 비슷한 동물의 새끼를 야생에서 데려다 길렀고, 인간에게 유용한 성질을 점점 더 많이 갖도록 번식시켰다고 가정해왔다. 즉, 여기서 인위적인 선택이 작용한 것이다.

그러나 애초에 개가 길들게 된 것이 자연선택에 의한 것이었다면? 늑대와 비슷한 조상은 인간들에게 환영받지 못했기 때문에, 인간들이 불을 피우고 사는 땅의 경계에 출몰하며 겨우 그들의 신경을 건드리지 않고 살았다. 인간의 주거지 근처에서 인간과 관계를 맺으며 살았을 것으로 추정되는 늑대의 뼈는 약 40만 년 전에 형성됐을 것으로 여겨지는 유적지에서 발견됐다. 아마도 이 늑대들은 일반적인 늑대 무리들보다 유순했을 것이다. 이들은 인간의 공동체 근처에서 그들이 남긴 쓰레기를 먹고 살았을 것으로 추정된다.

늑대를 닮은 조상은 복종적이고 순한 개체일수록 인간이 버린 쓰레기에서 먹이를 찾기가 수월했다. 인간을 덜 무서워하는 개체일수록 인간이 다가올 때마다 도망가면서 불필요하게 낭비하는 에너지도 적었다. 따라서 유순한 개체일수록 살아남고 번식하기 쉬웠을 것이다.

만약 늑대를 닮은 조상이 애초에 인간 공동체에 완전히 흡수되지 않은 채로 공존했다면, 길들이기 과정은 두 단계로 이루어졌을 것이다. 처음에는 늑대를 닮은 조상이 인간들의 주변을 떠돌며 인간이 남기는 쓰레기를 먹고 살았다. 두 번째 단계에서는 늑대를 닮은 조상이 점차 길들기 시작했고, 결국 인간들의 보살핌을 받게 되는 것이다. 오늘날 개를 연구하는 대부분의 전문가는 이런 두 단계의 길들이기 과정이 현재의 개를 만들어냈다는 데 동의한다.

이러한 주장을 뒷받침해주는 흥미로운 증거 한 가지가 더 있다. 1940년대 말, 러시아의 과학자 디미트리 벨라예프(Dimitri Belayev)는 은여우를 포획한 다음 길러서 모피를 얻고자 하는 목적으로 이 동물에 대해 연구하기 시작했다.

벨라예프는 여러 세대를 거쳐 은여우를 선별했다. 그때마다 가장 순한 개체만을 골랐다. 여덟 세대 만에 그는 훨씬 더 사회적이고 인간에게 우호적인 개체를 얻어낼 수 있었다. 그러나 그의 연구는 기대하지 않았던 또 다른 결과까지 얻게 됐다. 길든 늑대는 모피의 색깔이 얼룩덜룩하고, 귀는 축 늘어졌으며, 꼬리는 돌돌 말렸고, 두개골은 작았다. 공격성이 강한 야생늑대를 길들이자 점점 '개를 닮은' 온순한 모습으로 변해갔던 것이다.

벨라예프의 연구는 유순해진 성격부터 축 늘어진 귀까지, 이 모든 특징이 유전자의 '연관(linkage)'과 관련이 있으며, 일정 시간이 지나면 한꺼번에 나타난다는 것을 증명했다. '연관' 효과는 개에게만 나타나는 것이 아니다. 유전학적 영역 전체를 아울러, 연관 유전자들은 함께 대물림되는 것으로 밝혀졌다. 이 유전자들은 염색체에서 비슷한 자리에 위치하기 때문이다.

육종가가 한 가지 특질을 선택한다 해도 의도하지 않은 다른 특질들이 함께 덩달아 나타나는 것이다. 자연선택이 더 유순하고 인간에게 더 우호적인 늑대와 비슷한 갯과 동물을 선택했다면, 유전자의 연관 때문에 이 동물들은 외모상 개를 더 닮았을 것이다. 다시 말하자면, 육종가들은 애초에 늘어진 귀와 얼룩무늬 털에는 관심이 없었는지도 모른다. 그런 외모의 개가 생겨난 것은 단지 행복한 우연이었을 뿐이다.

여기까지의 이야기에서 독자들은 왜 개의 진화라는 다소 엉뚱한 주제에 과학자들이 그토록 많은 시간을 소비했을까 의아했을지도 모른다. 그러나 이 연구는 뜻밖에도 상당히 여러 곳에서 유용하게 쓰인다. 그리고 여러 가지 의미 있는 발견 중 하나가 인간의 게놈과 개의 게놈 사이에 상당한 유사성이 있다는 사실이다. 그 유사성은 의학적 연구에 엄청난 기여를 했다.

개와 인간은 모두 유전적 질병, 즉 DNA의 결함에 의해 발병하는 질병에 취약하다. 개에게는 총 350여 종의 유전적 질병이 발생하는데, 이 질병 모두가 순수혈통의 개체에서 더 잘 나타나고 상당수는 인간의 질병과도 유사하다. 최근 들어 여러 순수혈통의 동종 번식에 관한 문제가 주요한 관심사가 되면서 논쟁이 일고 있는데, 급기야 2009년에는 BBC 방송국이 〈크러프트 도그쇼〉를 지상파 TV에서 방영하지 않겠다는 결정을 내리기에 이르렀다. 그러나 동종 번식으로 인한 순종 동물들의 고통이 적어도 한 가지 유용한 결과를 가져온 것은 사실이다. 순수혈통의 동물들은 동종 번식을 했기 때문에 유전질환이 어떻게 발병하는지를 연구하는 데 있어 대단히 효율적인 방법을 제공하는 것으로 드러났다.

미니어처슈나우저의 망막 질환부터 그레이하운드의 고관절 이형성증에 이르기까지, 순종견들은 많은 유전질환에 쉽게 노출돼 있어서 암이나 당뇨병같이 유전적 요인이 강한 질병에도 쉽게 죽는다. 퇴행성 질환인 루게릭 병 같은 희귀질환은 독일 셰퍼드와 인간에게서 똑같은 형태로, 똑같은 유전자에 의해 발병한다. 끔찍한 유전적 신경질환인 배튼 병은 티베트 테리어종 개에서도 발병한다. 도베르만은 기면 발작에 걸리기도 하는데, 이 증세가 나타나면 손뼉 소리 한 번에도 잠에 떨어진다.

그러나 인간의 유전병 연구는 번번이 난관에 부딪치곤 한다. 그이유는 인간의 게놈이 고도의 변이성을 가지고 있어서 질병의 원인을 어느 하나의 유전자나 유전자 집단으로 좁히는 작업이 엄청난 시간과 노력을 요하기 때문이다. 이와는 대조적으로, 대대로 동종 번식을 해온 순종견은 놀라울 정도로 협소한 '유전자 풀'을 가지고 있다. 개의 유전질환의 경우, 동종 번식을 한 개체는 유전자 수가 적기 때문에 질병의 원인이 비록 단 하나의 유전자라도 그 원인을 상대적으로 쉽게 식별해낼 수 있다. 또한 순수혈통은 어떤 질병의 발달과정을 추적하는 데에도 독보적인 정보원이 된다.

따라서 개의 게놈은 유전질환으로 고생하는 사람들에게 한 줄기 빛과 같은 희망이다. 개의 게놈은 치료법의 개발이나, 한 사람이 치명적인 유전자를 가지고 있는지를 테스트할 수 있는 도구를 고안하는 데에도 도움을 준다. 만약 행운이 따른다면, 가까운 미래에 유전질환을 갖고 있는 개에게도 희망이 될 수 있다.

＊　　＊　　＊

오늘날 우리는 개의 진화과정을 대단히 잘 이해하고 있다. 그 과정은 19세기 중반 다윈이 최초로 이론화했던 것이다. 그러나 다윈이 《인간의 유래》에서 제시했던 주장에 대해 현대의 과학자들은 뭐라고 말해야 할까? 앞에서 보았듯이, 다윈은 이 책에서 개의 내면세계에 대해 많은 새로운 주장을 내놓았다. 개도 사랑하고, 상상한다. 가장 의외인 것은, 개에게도 유머 감각이 있다는 것이다. 이러한 다윈의 주장에 우리도 정말 동의할 수 있을까?

20세기에 들어와서도 한동안은 개에 대한 다윈의 주장이 무시됐다. 그러는 동안에 '동물행동주의'라고 불리는 동물행동 이론이 전면으로 부상했다. 이 이론의 지지자들은 인간이 자신들의 경험으로부터 나온 추측에 기초해서는 동물에 대해 그 어떠한 것도 가정해서는 안 된다고 주장했다. 동물행동주의자들은 동물에게는 자각도, 기억도, 정서적 애착도 없다고 생각했다. 그들의 관점에서 보면 동물은 오로지 본능에 따라 행동하는 복잡한 기계에 불과했다.

다시 말하자면, 개가 주인을 바라볼 때 어떤 감정을 느낀다는 다윈은 주장은 정당하지 못하다. 다윈에게는 그럴 만한 근거가 없다고 동물행동주의자들은 주장했다. 그것은 스스로 자신의 감정을 표현할 줄 모르는 동물에게 인간의 생각과 감정을 투영한 의인화에 불과하다는 것이었다. 동물이 무슨 생각을 하고 무엇을 느끼는지에 대해 정확한 정보가 없는 것처럼, 그 문제에 대해 어떠한 가정도 해서는 안 된다고 그들은 주장했다.

동물행동주의의 절정기 이후로는 사정이 변했다. 그러나 오늘날까지도 많은 동물행동주의자에게는 이것이 지지할 수 있는 유일한 이론이다. 그들에게 있어 이것이 유일하게 엄격한 과학적 방법이다. 여기에는 어떠한 비합리적인 신념의 도약도 필요치 않기 때문이다. 사람이 동물의 내면에 있는 생각을 테스트할 수는 없다. 따라서 실험적으로 그들을 무시해야 한다.

그러나 의인화도 나름의 이용가치가 있다. 우리는 '만약' 개가 충직하다면, 이라고 가정하고 어떤 행동을 할 수도 있다. 사실 동물과 함께하는 일상에서 우리는 그렇게 한다. 개가 '충직하다'라고 생각하기 때문에 개를 믿고 아기와 함께 남겨두고 방에서 나온다. 또는 개가 질투심이 많다는 이유로 '충직함'을 인정하지 않는다. 우리는 '마치' 개가 우리를 사랑한다는 듯이 행동하거나, '마치' 개가 꿩에 대한 일반적인 개념을 갖고 있어서 꿩만 나타나면 전력으로 꿩을 쫓아 사라진다고 믿는다.

소수이기는 하지만 동물행동주의자들의 주장에 오류가 있다고 반박하는 박물학자들도 항상 있었다. 새로운 자극은 동물의 행동을 그 자체의 맥락에서 연구하기를 바라는 동물행동학자들로부터 시작됐다. 침팬지 전문가로 유명한 제인 구달이 그중 한 사람이었다. 구달은 동물도 인간과 똑같은 정서를 가지고 있다고 믿었다. 따라서 다윈의 이야기에도 충분한 근거가 있다고 생각했다.

그러나 다윈의 책을 읽다 보면 한 가지 분명해지는 사실이 있다. 그것은 바로 그가 증거의 힘을 잘 알고 있었다는 점이다. 그는 증거를 수집하고, 선별하고, 분류하고, 테스트하는 데서 믿음을 얻었다. 개가 충직하게 행동한다고 말하는 것으로는 충분치 않다. 반드시 테스트를 해야 한다. 따라서 오늘날 많은 동물행동주의자, 특히 유인원을 연구하는 사람들은 도로시 체니(Dorothy Cheney)와 로버트

세이파스(Robert Seyfarth)가 주장하는 개코원숭이의 형이상학부터 프란츠 드 발(Franz de Waal)이 주장하는 침팬지의 도덕적 선택까지 고등 포유동물의 복잡한 내면세계에 대한 시험 가능한 가설을 만들어 내는 데 몰두하고 있다. 옥스퍼드의 동물행동학 교수인 메리언 스탬프 도킨스(Marian Stamp Dawkins)는 양계장에서 기르는 닭의 정서에 흥미를 느끼기까지 했다.

새롭게 부상한 이 분야를 '인지심리학'이라고 한다. 오늘날 인지심리학은 복잡한 고등 포유동물―이를 테면 개―의 '정신적 상태'를 파헤친다. 이 분야의 지지자들은 개의 머릿속에 들어 있는 세계의 지도를 탐험한다. 그러면서 개의 기억력과 문제 해결력을 테스트한다. 무엇보다도 그들은 개를 기르는 사람들이 자신의 애완견들이 진짜로 가지고 있는 능력이라고 주장하는 수많은 능력들의 진위를 가려내고자 노력한다.

인지심리학자들은 동물이 감정적인 경험을 하며 자기지각의 수단을 가지고 있다는 다윈의 주장을 충분히 합리적이라고 생각한다. 가장 중요한 것은, 감정과 자기지각에는 적응 기능이 있어야 한다는 점이다. 예를 들면, 단순한 수준의 자기지각 능력만 있어도 동물은 자신의 주변에서 무엇이 움직이는가, 거기에 어떻게 대응해야 하는가를 결정할 수 있다. 이보다 복잡한 자기지각 능력이 있는 원숭이는 다른 원숭이들보다 유리한 시야를 점한 곳에서 그들이 무엇을 볼 수 있는지를 예측할 수 있다. 과학자들은 바로 그럴 때 원숭이의 장난스러운 속임수를 관찰한다.

과학자들은 개가 유머 감각을 가지고 있다는 다윈의 조심스러운 주장을 확인하기 위해 실험까지 시도했다. 두 명의 심리학자 로버트 미첼(Robert Mitchell)과 니컬러스 톰슨(Nicholas Thompson)은 속임수를 쓸 때의 개과 동물의 행동을 실험해보기로 했다. 이들은 다윈이 《인간의 유래》에서 사례로 제시한 것과 똑같은 상황을 재현했다. 개가 사람을 향해 달려가다가 마지막 순간에 다른 쪽으로 방향을 틀어버리는 것과 처음에는 공을 놓친 척하다가 사람이 그 공을 집으려고 손을 뻗으면 잽싸게 가로채버리는 것 두 가지 상황을 실험했다. 개는 정말로 다윈의 말과 똑같은 행동을 보여주었다. 실험에 동원된 개의 92퍼센트가 똑같이 행동했다.

위와 같은 속임수는 개가 할 수 있는 행동으로서 특히 큰 의미가 있다. 왜냐하면 개가 다른 개체의 의식을 이해하고, 그 개체가 무엇을 하려는지 간단한 예측을 할 수 있다는 의미이기 때문이다. 새로운 인지심리학계의 과학자들은 신뢰, 유머, 기만 등의 복잡한 정신적 상태가 실제로 동물에게도 존재한다고 보고 있다.

인간과 개 사이의 신뢰로부터 우리는 개가 어떻게 생겨나게 되었는지 단서를 찾을 수 있다. 약 1만 5,000년 전, 인간은 야생의 개와 동물 조상들이 자신들이 버린 쓰레기를 뒤져서 먹을 수 있게 내

잉글리시 세터와 리트리버의 잡종견 두 마리,
잉글리시 세터와 블러드하운드 잡종견 한 마리

버려두었다. 그다음에는 동물들의 새끼를 거두어 함께 길렀다. 가끔 정 먹을 것이 없을 때면 그 동물의 새끼를 잡아먹었다. 대부분의 경우 인간들은 그렇게 기른 동물들을 소중하게 여겼다. 중석기시대부터 개는 주인과 나란히 매장되기 시작했다. 평생을 함께했던 반려동물이 미지의 여행길에서 만날 수도 있는 위험으로부터 주인을 보호하기 위해 저세상까지 함께 간 것이다.

개는 주인이 원하는 바에 따라 특정한 방향으로 육종됐다. 그러나 여기에는 의도하지 않은 과정이 작용했다. 가장 잘 생긴 강아지가 먹을 것을 얻어먹을 확률이 컸다. 꼭 가장 힘이 세거나 빨리 달리는 강아지라고 해서 잘 얻어먹는 것은 아니었다. 그저 가장 귀엽고 예쁘장하게 생긴 강아지가 많은 사랑을 받았다.

개는 인간의 의식적인 욕구뿐만 아니라 무의식적인 욕구에도 반응하도록 진화했다. 사람이 개를 좋아하는 이유는, 우리가 개로부터 사랑을 돌려받는다고 느끼기 때문이다. 그러나 이러한 주장에 회의를 가진 많은 사람은 인간으로 하여금 인간을 가장 사랑한다고 느끼도록 만든 개가 가장 큰 생식력과 생존력을 갖도록 자연선택의 힘이 작용했을 것이라고 주장한다. 인간은 인간에게 가장 큰 사랑을 준다고 느껴지는 개를 사랑해주고, 보호해주고, 먹여주고, 춥지 않게 보살펴주고, 위험으로부터 지켜주려고 할 가능성이 크다.

이런 회의적인 시각에도 불구하고, 우리들 대부분은 개를 사랑한다. 개는 순순히 인간의 생활방식을 따르고, 소나기가 내려 갑자기 산책이 취소된다 해도 크게 소동을 부리지 않고, 주인이 울 때 눈물을 핥아주고, 주인이 왜 자신을 괴롭히는지 알지 못해도 묵묵히 괴로움을 이겨내고, 사진을 찍을 때는 멋진 포즈를 취하기도 한다.

처음부터 우리는 개가 인간과 조금은 비슷하다는 가정으로부터 출발했다. 우리는 개를 의인화한다. 우리는 개가 우울해하면 새로운 곳으로 입양돼 아직 적응하지 못해 그렇다고 말한다. 주인이 휴가를 떠나려고 짐을 싸고 있다는 걸 알고 걱정스러운 표정을 짓는다고 말한다. 개가 누워서 잠을 자다가 몸을 비틀거나 쿵쿵거리거나 얕은 소리로 짖어대면 우리는 꿈꾸는 중이라고 믿는다.

엄격한 과학자들은 묻는다. 그런 걸 당신이 어떻게 아느냐고. 개를 기르는 주인들은 이렇게 반문한다. 그렇지 않다는 증거도 없으면서, 당신은 왜 그렇게 주장하느냐고. 그리고 자신의 본능을 믿는다고 말한다. 어느 쪽도 확실히 이길 수는 없다. 양쪽 모두 자신의 의견이 맞다고 주장하고 있다. 개가 사랑하고, 꿈꾸고, 익살스럽게 주인을 속일 수 있느냐에 대해서는 솔직히 아직도 만족할 만한 답을 얻지 못했다. 그러나 과학자들은 이 문제를 시험할 수 있는 방법들을 찾아내고 있다. 아마 다윈이 살아 있었다면 큰 흥미를 느꼈을 것이다. 미래의 어느 날, 우리가 기르는 애완동물들이 무슨 생각을 하는지 정확하게 알 수 있을 거라 생각하니 흥미롭기도 하고 짜릿

한 흥분이 느껴지기도 한다.

　그러나 더욱 심층적인 수준에서 들여다보면, 이 논쟁은 언제나 똑같은 질문으로 귀결된다. 동물은 우리와 같은가, 같지 않은가. 다윈은 언제나 동물은 우리와 같다고 주저 없이 말했다. 인간과 똑같은 방식으로 동물도 행복과 슬픔, 우울함과 즐거움을 느낀다고 주장했다. 인간과 동물의 차이는 정도의 차이일 뿐, 본질의 차이는 아니라고 말했다. 우리와 똑같은 수준에 이르지 못할 뿐, 동물도 추론을 할 수 있다. 동물도 생각하고, 계획을 세울 수 있으며, 사랑도 할 수 있다. 인간처럼 수다스럽고 과시적이지 못할 뿐이다. 자신의 개를 바라보며 다윈은 말했다. 근본적으로, 뿌리에서 보면 인간은 동물이다. 절대로 다를 바가 없다.

　찰스 다윈은 위대한 관찰자이자 박물학자였다. 그는 세상을 관찰했고, 언제나 주의를 기울였다. 개에 대한 그의 사랑은 평생토록 이어진 열정적인 것이었다. 고등동물에 대해 쓴 생의 마지막 저서, 《인간과 동물의 감정 표현》에는 그가 가장 사랑했던 폴리가 거의 모든 장마다 등장한다.

　다윈이 이 책에서 주장하고자 했던 바는 인간의 표현은 동물이 몸짓으로 하는 의사소통과 직접적인 연관이 있다는 점이다. 그것은 인간과 동물이 똑같은 세계의 일부분임을 보여주는 또 하나의 방법이었다. 그는 모든 살아 있는 생명체에 공통으로 적용할 수 있는 이론을 세우고자 했다. 그러나 여러 가지 측면에서 보았을 때 《인간과 동물의 감정 표현》은 그가 자신의 사생활을 가장 많이 노출시킨 책이었다. 그가 평생토록 길렀던 가축과 애완동물에 대해 이 책만큼 자세히 다룬 책은 없었다. 폴리는 이 책에서 시종일관 '나의 테리어(my terrier)'라고 지칭된다. 또한 폴리와 함께 다윈의 자녀들도 등장하는데, 자녀들이 아기였을 때 처음 미소를 지은 순간들을 기록한 장의 제목은 '환희, 높은 이상, 사랑'이다.

《인간과 동물의 감정 표현》은 다윈이 개를 기르면서 겪은 평생의 경험을 기록한 책이다. 이 책에 나오는 사례의 주인공은 대부분 폴리지만, 그는 자신이 소유했던 모든 동물의 행동을 기록했다. 어느 한 동물의 행동을 목격한 것이라도 진화라는 더욱 크고 넓은 그림 속에서 그 의미를 파악했다. 다윈에게 있어 개는 필생의 역작을 일궈내는 데 결정적인 열쇠였다. 개는 다윈으로 하여금 환경에 적응하는 것이 어떤 작용으로 발현되는가를 끊임없이 생각하게 했다. 개의 역사는 종이 어떻게 형성됐는가에 대한 의문을 갖게 했다. 그리고 무엇보다도 개는 인간세계와 동물세계의 심오한 연관 관계에 대해 끊임없이 생각하게 만들었다.

이 책에 많은 개가 등장함에도 불구하고 그 모습이 남아 있는 건 단 두 마리에 불과하다는 사실은 애석한 일이다. 하지만 밥으로 이야기를 시작했으니 폴리로 그 끝을 맺도록 하자. 다음 페이지에 있

테이블 위의 고양이를 노려보고 있는 폴리

는 그림을 인간과 동물의 감정이 어떻게 표현되는지를 설명한 다윈의 책 속 삽화로 영원히 남겨진 폴리의 모습이다. 몸집이 작은 폴리가 앞발 하나를 들고 머리는 살짝 갸우뚱, 귀는 쫑긋 세운 채 서 있다. 눈앞에 보이는 것에 잔뜩 주의를 집중하고 있는 모습이다. 이 삽화는 사진을 복제한 것인데, 원본은 남아 있지 않다.

다윈은 비록 폴리를 사례로 제시했지만, 그의 이야기는 평생토록 경험해온 개에 대한 모든 것이다.

> 개는 어떤 종류든 뚜렷한 목표의식을 가지고 노려보면서 천천히 사냥감에게 접근한다. 이때 오랜 시간 동안 앞발 하나를 치켜들고 있는 경우가 많다. 바로 다음 발자국을 뗄 준비를 하고 있는 것이다. 이러한 행동은 포인터종에서 특히 잘 볼 수 있다. 어딘가로 관심이 쏠린 개에게 공통적으로 나타나는 습관이다.

평생 동안 다윈은 개를 고유의 성격과 욕구를 가지고 있는 개체로 보았으며, 이들이 어떻게 하나의 종으로 작용하는지에 호기심을 가졌다. 때로는 개에 대한 생각이 너무나 복잡할 때도 있지만, 그는 개가 왜, 어떤 행동을 하는지를 두고 너그러운 이해력을 잃지 않았다. 폴리에 대해 정감 있게 쓴 기록들을 보면, 그가 10대 시절 집을 떠나 여행을 갔을 때 가족들과 주고받은 편지를 떠올리게 된다. 다윈이 폴리의 삽화 밑에 세심하게 붙여 놓은 제목만으로는 그가 폴리에게 느꼈던 애정의 깊이를 가늠하기 힘들지만, 어쨌든 마지막으로 한 번 더 미소를 짓지 않을 수 없다.

찾아보기